献 给

格蕾丝和文森特

愿你们常常发现自己内心的勇士。

——贝利和西阿若奇

杰克逊和达西

毕竟,青春短暂不停留,勇敢生活吧。

——海耶斯

对于追求卓越生活的青少年来说，
　本书是一个了不起的向导。

著名心理学家专门为每一位青少年撰写的成长指导书，被誉为"了不起的人生向导！"

走出心灵的误区

【青少年版】 如何激发内心的勇气和力量

［澳大利亚］
约瑟夫·V.西阿若奇博士
Joseph V. Ciarrochi, PhD

［澳大利亚］
路易丝·海耶斯博士
Louise Hayes, PhD

［澳大利亚］
安·贝利硕士
Ann Bailey, MA

著　杜素俊　谷裕　陈梦雪 译

上海社会科学院出版社
SHANGHAI ACADEMY OF SOCIAL SCIENCES PRESS

致 谢

感谢整个语境行为科学社区,谢谢他们愿为我们分享并提供支持。此外,也感谢新先驱出版公司(New Harbinger)的全体员工,尤其是进行编辑工作的贾丝明·斯塔尔(Jasmine Star),和绘制插图的萨拉·克里斯蒂安(Sara Christian)。

作者简介

约瑟夫·V. 西阿若奇(Joseph V. Ciarrochi),博士,西悉尼大学心理学教授,众多国家竞争性奖金资助的活跃研究者。他的研究方向集中在理解并发展社会幸福和情绪健康方面。西阿若奇著有逾80余篇国际性期刊文章、书籍和专业论文,并时常应邀在全球性会议、顶级大学和机构演讲。他已编著了8本关于促进心理健康幸福的书籍。

路易丝·海耶斯(Louise Hayes),博士,澳大利亚墨尔本大学临床心理学家和学者。致力于帮助年轻人及其家人。她是针对青少年采用接受与承诺疗法(ACT)的领军人物。研究对于年轻人的ACT应用成果,并在全球进行ACT专业训练。

安·贝利(Ann Bailey),硕士,资深临床医师。帮助人们掌控情绪、塑造更有活力的人生。

赞 誉

"此书内容丰富精彩，并具有智慧与同情心，是青少年从容应对生活挑战时非常实用的指南。它不仅是青少年的必读书籍，也同样适用于父母、教师以及其工作涉及该年龄群体的任何治疗师或指导老师。"

——罗斯·哈里斯（Russ Harris），《幸福的陷阱和现实的拍打》（The Happiness Trap and the Reality Slap）的作者

"在《走出心灵的误区》一书中，作者西阿若奇、海耶斯和贝利为青少年提供了接受与承诺疗法的强大原理。这些课程内容可广泛应用于青少年可能面临的诸多困难。青少年读者对本书所述故事中的苦恼会感同身受，并会从书中的练习部分找到他们自身的希望，勇敢地追寻梦想。也许最重要的在于，当许多人的想法、感受与他们所关心的生活相脱节时，本书作者提出了一个清晰的观点，即，读者其实并非个案，且不必苦于寻求解决之道。我相信，对于所有想帮助自己所关心的青少年的治疗师、父母、家庭成员或朋友来说，此书都会极为有用。"

——艾米丽·K.桑德兹（Emily K. Sandoz），博士，路易斯安纳大学拉法叶分校（The University of Louisiana at Lafayette）心理学助理教授

"做人难，做青少年更不易。基于自身的实际体验和与深陷困惑的年轻人的广泛接触，西阿若奇、海耶斯和贝利对书中所论深有洞察。本书早就应

该被写出来。真希望我年轻时就有人能送我一本。"

——里卡德·K．威克塞尔（Rikard K. Wicksell），博士，瑞典斯德哥尔摩卡洛林斯卡大学医院（Karolinska University Hospital）和卡洛林斯卡学院（Karolinska Institute）注册临床心理学家和临床研究员

"对于挣扎于各种困难中的青少年来说，不论是面对年龄增长带来的新试探，还是更加严峻的问题，本书都能提供非同寻常的资源。通过给出任何青少年都愿意尝试的实用性建议和练习，作者提供了一幅富于吸引力、同情心以及可理解的路线图。这么有用的一本书，要是推荐给年轻人和他们的家人，会是一份很棒的礼物。"

——詹尼弗·格里格（Jennifer Gregg），博士，圣何塞州立大学（San Jose State University）副教授，《糖尿病生活方式指南》(The Diabetes Lifestyle Book)的合著者

"对于追求卓越生活的青少年来说，本书会是一本了不起的向导。西阿若奇、海耶斯和贝利给出了切实的练习方案，并提供了活生生的人物案例。这些案例中的人物使用"正念勇士"技巧来追求一种他们更希望拥有、更有意义的生活。通过这种方式，本书作者减少了大部分青少年在挣扎于常见问题时所经受的痛苦，诸如谣言、孤独以及他人尖刻的指责。我希望此书能成为全世界各高中和大学学生的教科书。"

——帕特丽夏·J.鲁宾逊（Patricia J. Robinson），博士，《给抑郁症患者的正念与接受工作手册》(The Mindfulness and Acceptance Workbook for Depression)和《初级治疗中的真实行为改变》(Real Behavior Change in Primary Care)的合著者

序　/ 1
前言　这本书为你而写　/ 1

第一部分　准备开始

第一章　若每人都心藏一个秘密？　/ 3
第二章　成为正念勇士　/ 9

第二部分　内在的战斗

第三章　旅行开始　/ 17
第四章　找到内心的平静　/ 25
第五章　静观你内心的战斗　/ 33
第六章　采取获胜的招数　/ 45

第七章　遇见机器　/ 55

第八章　不要接过意念的评判　/ 67

第九章　发展明智视角　/ 79

第三部分　活出你的方式

第十章　明白你在乎什么　/ 97

第十一章　学会评价自己　/ 111

第十二章　建立友谊　/ 121

第十三章　寻找你在世界上的道路　/ 135

结语　心中的火花　/ 149

参考资料　/ 157

序

无论何时，当你学习一件复杂的事情时，比如开车，没有人会期望你一上来就应付自如，我们都要在摸索和犯错中学习，正因为此，驾驶培训才应运而生。假如你只能通过试错的方式来学习驾驶，你很可能会试着直接把车开进一个空间狭窄的平行车位，而不是先选择好角度再倒车入位。若无人指导，你也许会误判你的车与另一辆车的间距，从而造成交通事故，甚至可能酿成大祸。

请将本书视为一本驾驶生存必需的培训课程。

课堂中如何开车的指导并不能解决一切——任何事物真正技术的掌握，只能源于亲身的实践。驾驶学员开始学习时，可能首先会使用列表记住"遇到停车标志要左右观看"，或"通过时注意看后视镜和侧视镜"等。渐渐地，这一切你都能运用自如，并成为一种本能。驾驶课并不能代替实战，却可以帮助你以正确的方式开始学习的过程。

本书所要谈及的，是你所拥有的最复杂的东西——你的意念（mind，思维、精神等，本书大多译为意念）。从旁人口中，我们对自己的意念已经进行了一些小小的"驾驶培训"，然而诸多传统驾驶培训中涉及的建议，实际上却与真正有用的东西相去甚远。心理学是一门科学，仔细的研究通常会得出与我们的文化、朋友或媒体所教育我们的几乎完全相反的结论。于是问题来了。如果行为科学正确的话，那就意味着我们倾向于采取错误的行动，而且频繁到了成为我们本能的

地步。

举个例子。情绪有时会使人痛苦。通过在摸索犯错中的学习，我们可以简单地学会做些使我们暂时免于痛苦的事情。如果我们对课堂发言犯怵，我们可以选择上别的课，或装个病，或言辞推却，或装作不喜欢。任何这些举动的成功，都会暂时减少恐惧。但讽刺的是，它们都会微妙地增加弥漫在我们生活中的恐惧感。所有对痛苦试图逃避的方式都是如此。即便不明显的做法，诸如故作不害怕之类，也概莫能外，这是因为它们都包含着一个更深层的信息，那便是：恐惧是让人害怕的。

本书所讲授的，是一种由行为学家发展和试验而来的反直觉的替代性选择：承认恐惧，花时间以真正的好奇心感受它，然后带上它，正如你随身带着钱包一样，但不要任其主导你价值观之下的行动。此法既可以使我们学习了解恐惧，又能渐渐减少恐惧对我们生活的影响。

在这些事情上，你大可不必信任那些科学家，你尽可信任自己的经验，因为本书中谈及的新技巧很快便会奏效。一旦你学会这些技巧，你就会感到自己更加游刃有余，也更加轻盈敏捷。这在相当程度上，正如一个练习更好技巧的驾驶员会很快意识到自己的驾驶更加自然、流畅和有效一样。

我是《走出心灵的误区》（Get out of your mind & into your life）的原作者。许多时候，我都认为有必要将这本书以一种新的方式介绍给青少年，即给出实例和方法帮助他们应对所面临的挑战。这本书的三位作者都是与青少年交流的专家。在读过本书之后，我更加明确了这样做的正确性。我看到了我所接触的青少年所面对的问题与本书所要处理的问题的相似性。本书作者剔除了原书中的次要材料，清晰易懂地阐释了原书的中心内容，语言直接，却并无对读者的说教之辞。

正如你考到驾照后，驾校的教练不会告诉你往哪里开一样，将本书视为"驾

序

驶生存培训课"的最重要原因之一在于，它并不会规定你该往哪儿走，而是要教你该怎么走。青少年习惯于被成年人指引，这一点无须再有人写书赘述。本书旨在帮助你活出你自己的方式。那种你想活出自由的感觉会伴随你对本书的阅读和运用。本书会问及你所在乎的事物，并尝试与你更深层的智慧进行对话。在一定意义上，你需要裁定生命究竟归属何处——是属于你自己，抑或是根植于你的想法与感受。

这正是人类自由所关乎的一切所在。它是每个人都要面对的同样问题。但如果你是青少年，你握有此书，那便是件激动人心的大好消息。因为这本书，会鼓励你早早开始审视你的价值观，学习如何运用你的意念，而不是让你任其摆布。

史蒂文·C. 海耶斯

（内华达大学心理学教授，《走出心灵的误区》的作者）

前 言

这本书为你而写

我们最深的恐惧并非是我们力不从心。我们最深的恐惧乃是我们强大无比。最让我们心里害怕的,是我们光明的一面,而不是我们黑暗的一面。我们扪心自问,我是谁,居然能才华横溢、美丽动人、天资聪颖、优美绝伦?事实上,如果你并非如此,那你又是谁呢?

——玛丽安·威廉姆森

可能愿意打开这样一本书的青少年为数并不会很多,更不用说阅读了。可能你生活中有一位成年人曾要求你读这本书,说它可能对你有好处,或者他说你有某个问题,而这本书正是为你量身定做的。也很有可能,你压根就在怀疑这位成年人是否完全理解你。我们猜你一定会认为,这本书根本就无济于事。

我们怎么知道的呢?

这本书的内容基于两点而写成:人类行为背后的科学,还有我们与许多青少年亲身接触而得的经验。尽管我们并不了解你或你的问题,但我们已经听到过许多其他青少年的心声,并从研究发现中了解到相关的信息。我们知道大部分青少年不会期望一本书能有多大裨益，也知道他们会认为自己身边的大人根本不懂他们的世界。

但生命中本就充满惊奇。如果你愿意继续读下去，我们期望这本小书会带给你意外的惊喜。

学校教育要求你花很多年学习数学、科学、地理、文学之类的科目。但请想一想：你又会花多长时间来学习人类的知识，学习如何处理思想和情感的困惑呢？你会花多久来增进对你自己的了解呢——一个有着欲望、需求、兴趣爱好和值得被别人倾听的人？

这是一本教你懂得一个人意味着什么，以及如何培养你内心力量的书。在此过程中，我们会观察每个人内心都存在的战斗。你会理解到当你为了懂得自己，为了了解你的想法和感受，以及为了掌控你的恐惧和疑惑，你内心所进行的挣扎。你将学会怎样在自己的生命中引入力量——一名勇士的力量。

我们还会帮你探索你内心的秘密与激情。你将会发现你的力量，学会认识和赞美你存在的意义，获得更多的友谊和亲情，并探索你如何才能活出自己的梦想。要发现这些，现在就是最好的时机。

当你继续往下读时，请记住一些重要的事情：无论你是怎样拿到这本书的，这本书都不是为了那些告诉你应该读它的人而存在的，这本书只为你而写。我们最大的愿望就是，希望这本书能够开启你奔向梦想的历程。

第一部分
准备开始

虽然我年仅 14 岁,但我清楚地知道自己想要什么……我有我的观点、我自己的想法和原则。尽管这在少年人看来很是疯狂,但我觉得我不再是个孩子,我觉得自己不受任何人支配。

——安妮·弗兰克

第一章
若每人都心藏一个秘密？

人人都有不为世人所知的隐秘之苦。

——亨利·沃兹沃斯·朗费罗

增进你人生阅历的最好方式之一，就是去看一眼其他人所面临的战斗。他们正经历着什么？他们正挣扎于什么？

在这一章，我们会介绍你认识几位青少年和他们的战斗。看看你能否把他们的挣扎和你正在经历的事情联系起来。好好想想他们的故事和你自身的经历有没有相似之处。你会发现，通过学习观察另一个人的挣扎，你会更好地了解你自己的困难。

● **失败者**

我曾是个失败的青少年，我不擅长社交，不知道怎么交朋友和维护友谊，不知道怎么保护自己不被别人欺负，甚至也不知道该怎么和女孩子聊天。我曾花了很多时间幻想躲避现实——我空想、打电子游戏、独自一个人听音乐。

我不能告诉妈妈，因为她住在别的地方，而且从不给我打电话。我也不能和爸爸说，因为他总是忙自己的事，没多少时间陪我。他根本不知道我曾经被人欺负。他也不知道曾经有一个比我大的孩子把我从学校追到家。他唯一注意到我的一次，倒是因为我惹了麻烦。有一回，一个小孩笑话我的球鞋脏，而且笑个没完。他一直叫我是"高乐士，高乐士"（Clorox，一个漂白剂品牌。）我很生气，但是又不知道怎么办才好。最后我干脆朝他脸上打了一下。那个小孩被我打掉了一颗牙，然后，我就被开除了。我爸因为这个朝我大吼大叫，而且罚我待在家不许出去玩儿，他却没问我为什么一开始会打架。

作为一个青少年，我挣扎其中。我装作自己一切正常，却对所有事情都满不在乎。我成绩糟糕，最终被勒令退学。我曾想过要自杀。

● **消失的女孩**

我曾一直在想，要是能化作一缕青烟消失该是什么样子。所有被丢下的人就会说："怎么回事儿？她刚刚还在这儿来着。不知道她去哪儿了。她好像离开这个星球了！"

我想过消失，怎么做到都行。也许突然有个事故，我一下子就死了，要么甚至就像爱丽丝一样掉进兔子洞里。只要能不在这个世上，我怎么着都行。

于是我辍学，然后消失进了我的卧室，就靠听音乐和看墙上的贴画来逃避现实。我喜欢待在那儿。谁需要活在真实世界里？我好几年都待在那个屋子里。我不用上学，不用做作业，不用面对大人或是欺负我的人。那些欺负我的人会打我脸，会悄悄从我后面过来，把我的头发连根拔起，或者散布我的谣言。在我的房间里，没有人可以伤害到我。没人知道为什么我会在那儿；那是我的秘密。

在那个卧室我什么都有——几乎是这样。但只有一个问题：我的羞耻感一直挥之不去。毕竟，只有失败者才不敢去面对生活，对吗？

● 骗过所有人的女孩儿

我曾是个受欢迎的女孩儿。我穿衣时尚，也会和聊得来的朋友一起闲逛。任何看见我的人都会认为我什么都有。

我骗过了他们。其实，每天我都生活在怕被别人发现自己是个骗子的恐惧中。我悄悄地相信我自己其实是有问题的，只不过我让人确信我没有问题而已，至少现在是这样。一定程度上，我倒是蛮羡慕那些被孤立的孩子。至少他们可以自己生存。

我生活在恐惧中，吃不下，也睡不着。单单是为了有勇气从学校门前走过，我就会花三个周末的时间来挑一双"合适的"白色学校球鞋，细致到橡胶鞋底的花纹该是什么样子。我会花好几天，一直在思考我那些所谓的朋友说的每一个音节、打的每一个手势和讲的每一个单词：他那句话是什么意思？她打招呼时为什么不看着我？就这样一直持续，年复一年。我好累。

游戏就是这样。你一定要更有趣、声音要更洪亮、体型要更苗条、你要变得更好——但又不能好得过了头。我必须小心行事。务必要足够好，但又得刚刚好。最重要的规则是什么呢？绝不要让任何人发现你的恐惧。然而我好害怕，我总是在崩溃的边缘。我时刻都在讨厌我的头发、皮肤和身体的样子。我感到好尴尬。最糟糕的是，我丝毫不能认识自己是谁。我恨自己的这一点。

他们的战斗是怎么结束的？

时间快进几年（好，快进许多年）。那三个曾经的青少年最终大学毕业，找到了朋友，也找到了爱情。而今他们的生活仍然会遇到很多困难，但他们对自身有了更好的认识，他们遵循着什么对自己最重要的原则而生活着。

那三个人便是本书的作者：约瑟夫、路易丝和安。

当我们还在青春年少时，我们曾以为其他所有人都活得很自在。我们每个人都以为自己是唯一一个苦苦挣扎的人。我们错了——错得很离谱。最终，我们都学了心理学，以此来修复我们内心的创伤。但渐渐地，我们发现每个人都在战斗。即便是最成功的人士，在他们正面的体验之外，也有着许多负面的经历。事实上，人的情绪，每分钟、每个小时和每一天都在时刻改变。不论是以恐惧、悲伤、羞耻抑或是自我怀疑的形式，所有人都经历着情绪的痛苦。我们人人都挣扎着寻求和建立友谊。我们人人都经受着爱情之苦。我们人人都害怕别人的拒绝。我们表面上看起来很酷，很强壮，实际上，内在里我们感觉脆弱和恐惧。

大多数人表面上看起来似乎都很开心，因为社会教导我们要呈现出笑脸。每个人都倾向于隐藏自己的恐惧，于是我们不会知道别人内心的挣扎。这便是所谓的人人都有相同秘密的含义。每个人在自己生命中的某个时刻都会挣扎，每个人又都会向世人隐藏这个挣扎。

如果有一个我们希望你能从本书中学到的关键点的话，那便是：你可以活出你自己的方式。你可以增加对自己、对别人和对你自身潜在可能的更多认识。而这将有助于你构建一个表达自我聪明才智的人生。一定不要让任何人告诉你不同于此的想法。如果有人说你不能活出你自己，不要相信他们。

第一部分　准备开始

总　结

  我们想要你用心来体会，我们，本书的作者，已经挺过了自己青少年时代的挣扎。这花了几年的时间，但我们终究找到了解决之道，渡过了难关。在人们指摘我们该做或不该做某些事的喧嚣声中，我们学会了倾听自己的心声。

  这本书会帮你倾听你自己内心的世界——现在就做，而不是如我们一样，许多年后才开始做。所以，现在请花些时间想想你是谁，你又想成为谁。然后读下去，翻到下一章，来开启自己新的生活方式。

第二章

成为正念勇士

愿我们驶向心存畏惧的所在。愿我们活出勇士般无畏的人生。

——佩玛·丘卓

本书的创作是为了帮助你变得更为强大,并为你培养我们称之为正念勇士的技巧。这乍一听来似乎有些怪异。什么是正念勇士呢?他并不是指疯子般冲向战场的人,也不是指冲动过激、意气用事者,更不是指如变态者一般冷酷并精于算计的人。

我们分解一下它真正的含义。"正念"意思是专注,有目的的,并抱着好奇心。而"勇士"则是指带着活力和勇气去行动,并追求你心中在乎的事物。将二者合起来,正念勇士便是指这样的人,他(或她)认识自己的意念,懂得用勇气来行动,并遵照自己内心在乎的事物或价值观生活。

这听起来很酷,不是吗?

我们虽然并不期望你能拥有成为一位正念勇士所要具备的所有技巧,甚至都不完全知道你怎样才能学会它们。然而,随着你进一步阅读本书,你会了解到这些技巧,并有诸多机会将其付诸实践。

走出 心灵 的误区

正念勇士是无畏的

正念勇士懂得使用四个关键技巧。你可以用首字母组合词 BOLD（意思是：无畏的）来记住它们：

Breathing deeply and slowing down（深呼吸并放松）
Observing（静观）
Listening to your values（倾听你的价值观）
Deciding on actions and doing them（决定并采取行动）

这些技巧可能听来相当容易，你也可能会怀疑它们是否真能奏效。只有一种方式能见分晓：尝试。请在阅读本书的同时尝试它们。这本书可不光是用来阅读的，它是一本循序渐进的指南。贯穿本书的，是让你实际操作的练习。有的看似容易，有的好像困难，还有的似乎彻底在犯傻。（犯傻可以好玩儿，对吧？）

第一部分　准备开始

事实上，无畏勇士技巧会更有效地应对你的情绪。它们会使你一直坚定地追寻你在乎的价值观，并为你自己创造出你想要的生活。那么，就让我们稍微拉近些距离看看它们，以便你更好地了解后文。

深呼吸并放松（Breathing deeply and slowing down）。请把你的呼吸想作是一艘船的锚。哪怕是情绪的风潮想把你拉入海中，它依然能帮助你坚定地待在你想停留的地方。我们每时每刻都在呼吸。但是我们并不总能意识得到，呼吸是我们力量和稳定的重要来源。第四章将要教你用心体会呼吸及其他找到内心平静的技巧。

静观（Observing）。一旦你通过深呼吸并放松稳定了自己之后，你就可以用静观的方法技巧来注意体会你的所感和所想。静观你的思想和感受，而非身陷其中，会帮你与它们拉开些距离，而这会有助于防止它们支配你的生活。自我的怀疑未必会阻碍你的成功。恐惧也不见得一定是你寻求友谊和爱情的羁绊。静观，会让你从身临其境的痛苦感受中抽身退后一步，以便选择自己真正想要走的路。第三章到第九章将教会你静观的技巧。掌握这些技巧，你便会是自己的主人。

倾听你的价值观（Listening to your values）。正念勇士会花精力付诸行动。关键问题在于，你想把你的精力投向何处？正如《搏击俱乐部》一书中一位门卫所说："如果你不知道自己想要什么，你最后只能迷失在自己不想要的圈圈中。"你知道自己想要什么——自己生命中在乎什么吗？许多人都不知道。你可能不会想成为他们中的一员。倾听你的价值观，意味着去探索发现生活中什么对你才重要——在与人的关系中，在更广阔的世界里，什么才是对你最要紧的东西，你又应该怎样对待你自己。第十章到第十三章会帮你发现所有那些领域中你在乎的事物。如果你能遵循真我和自己的价值观来生活的话，你会更有可能生活得丰富多彩并实现你的梦想。

决定并采取行动（Deciding on actions and doing them）。一旦知道了自己想要什么，你就要选择能将你带向目标和价值观的行动并付诸实施。这可能需要勇气，因为有时为了做你在乎的事情，你必须面对恐惧。第十一章到第十三章会帮你把价值观转化为实际行动。

勇士的技巧会把你引向何处？

正念勇士会观察自身，并学习与他们人性的缺点和睦相处。他们会学习面对自己的恐惧，与此同时，培养勇气。他们懂得，勇气所包含的意义，不仅仅是冲入着火的建筑物救人或鼓起胆量来一次高空跳伞。正如作家兼艺术家玛丽·安·拉德马赫（Mary Ann Radmacher）所说："勇气并不总是咆哮，有时勇气是在一天结束时，有一个声音低声说：'我明天还会再试一次'。"

当然，勇气是你生活中每天都能用到的某种东西。练习本书中的技巧，你将在多方面受益：

◎ 当你没有安全感并害怕时，你将依然能够勇于尝试。
◎ 当你愤怒时，你将可以选择是否想表现得愤怒。
◎ 当你疲惫和缺少动力时，你仍将能够坚守自己在乎的事物，并朝着你的目标付出行动。
◎ 当你经历人生中难免伴随而来的错误和失败时，你将成长得更加强大。

总　结

　　正念勇士会适应人生抛给自己的一切。他们不逃避。他们会运用自己正念的技巧来面对生活中的各种挑战，并在宁静中发现他们不需要被自己的思想和感受所左右。他们能够坚持方向正确的行动，并适时改变那些正在进行之中但不再有助于达成目标的行为。运用正念会给你的思想感受和行动带来更多的灵活性。

　　正念，是你发现如何用勇气和力量活出自我的基石。而你的正念，会随着你练习所有这些无畏勇士技巧的同时变得更强大。与正念相反的则是失念，它意味着做事不思考或者不专注，意味着逃避自我的感受，而且不去追寻自己在乎的事物。失念通常缺乏灵活性。

　　为了帮你了解正在学习哪些技巧，并指导你练习要学习的这些技巧，在第三章到第十三章的开头部分，你会看到如下的文本框，框中会用复选标记标明每章重点学习的技巧。

无畏勇士技巧	
深呼吸并放松	
静观	
倾听你的价值观	
决定并采取行动	

第二部分
内在的战斗

当我们身处混乱之中时,把那些必须掌控它的想法放在一边吧。在那一刻,应如同身浮于水,只要用心体验。不必尝试控制其结果,但要随机应对其涌流。

——里奥·巴伯塔

第三章

旅行开始

无畏勇士技巧	
深呼吸并放松	
静观	√
倾听你的价值观	
决定并采取行动	

在我们人生的中途，
我发现自己步入一片幽暗的森林，
过去的正路已然迷失中断。

——但丁

我们提到过这本书是一本发现之旅。你不会孤独前行。在你阅读本书的同时，有两位青少年会与你旅途做伴：杰丝和山姆。他们都遇到了难处，也一直在挣扎着寻求生活中的解决方案。通过本书，你将看到他们如何把自己转变成为正念勇士。但仅凭愿望肯定无济于事，正如你将看到的一样，他们必须实践。

走出心灵的误区

我们用我们与青少年的实际接触经验创造了这些人物。他们是我们交往过的各种青少年和他们经历的综合典型。他们的故事向大家展现了,其他青少年是如何了解自己,并如何运用正念勇士的技巧来找到他们自己的道路。我们希望这会鼓励你去尝试这些技巧。

在你阅读他们的故事时,注意观察他们与你有什么共同点。同时也对比一下,当他们失念时,与当他们表现得像正念勇士时——也就是专注于自身感受、勇于行动,并使用无畏勇士技巧时,二者之间有什么差别。

● 杰丝:我的生活完了!

嗨,我是杰丝。

一切都是在去年开始的。或者我也许应该说,一切都是那时结束的。我之前最好的朋友萨莉疯狂地爱上了乔希,但乔希并不喜欢她——他喜欢我。有一天晚上,我们参加一个派对,萨莉进来看见乔希和我聊天。她简直有些发疯了,她给我发信息骂脏话,还说我怎么敢偷走他——他是她的。但他不是她的。她连一次都没跟他出去过。而且就像我说的,他喜欢我。

第二天,萨莉在学校里散布谣言说我和乔希有过性关系。现在,全天下的人都认为他们知道我是怎样一个人。至于乔希,他连看都不看我一眼。尽管他知道这只是个谣传——我被认为可能跟他有过性关系——好像这全是我的错一样。

就在这荒唐的一转眼工夫,我

第二部分　内在的战斗

就失去了我最好的朋友、我喜欢的男孩和我的学校生活。哎呀，我的生活都毁了，就因为这一件事。

我还有些事情也应该告诉你。我 17 岁。我的两个兄弟和我跟妈妈一起住。我们的房子虽然不是最好的，但是还不错。我有我自己的房间。如果你进来，你可能会发笑。墙上和天花板上贴的几乎都是乐手、乐队和我最喜欢的电视节目的照片或海报，还有我看过的演出的门票和一些奇奇怪怪的东西，例如我的破 iPod 我也粘到了墙上。还有就是我画的画儿。我在艺术方面还行。

我的房间就是我的集中体现。妈妈说，她必须等我不在家的时候，才能把房间里乱七八糟的东西清理利索。有一回她拍了些照片给她的朋友看，还在门口放了个标志，上面写着："小心：此屋待拆。"她以为那样我就会清理房间了。但我没有。那标志还在那儿待着呢。我喜欢那样。我们现在达成了协议：我把门一直关着，她不用再管清理我房间的事。

现在是夏天，我不用去上学。另外，我也无法面对我那些所谓的朋友们。这样，我的生活几乎就是我一个人在房间里度过的。

● 山姆：怎么到了这样一个地步？

嗨，我叫山姆。我 15 岁。我被勒令退学已经有一个礼拜了。他们说我是因为愤怒惹来了麻烦。一切都是从我作为新生入学的那一年开始的，因为我不能适应新环境。学校里有不同的组织：运动员组织、时髦组织和没朋友就知道读书之类的书呆子组织。还有最后一类组织：恶棍组织。他们统治着学校。他们抱团抱得很紧，不让外人加入。大部分时间，他们都在侮辱自己组织之外的同学。虽然我压根不愿意承认，但我还是很怕他们。我可不想招惹他们。

我必须在这种环境里生存下去，但又不知道该怎么办。我自己呢，身材弱小，打起架来肯定不是别人的对手。我知道自己的情形，过不了多久别人也都会

走出 心灵 的误区

知道。我意识到自己必须得做点儿什么。

唯一的办法就是结交这帮恶棍。这样就没人敢惹我了。

我还记得我与他们结交的那一天。那时有个叫多里安的孩子，是个人人都取笑的对象。在我眼里，这可是个容易攻击的目标。现在回头想想，我做的事简直就是垃圾不如。我决定假称多里安是个同性恋，而且他还有个男朋友叫史蒂夫。我就此编造了些故事，说多里安和史蒂夫有一腿，然后把这些事发信息告诉学校里的一些人。当我把自己做的事告诉那帮恶棍的时候，他们很是喜欢。从那一刻开始，我就成了他们中的一员。自那以后，大家就不再指望我还能干出什么好事。我开始表现得蛮不讲理、爱打架闹事，因为我需要人们怕我。要不然，我就完蛋了。我必须得7天24小时一直保持这种状态。

多里安的爸爸投诉了我。他们追踪谣言，一直追到了我的手机上，现在，我被勒令退学已有一周。我不知道以后会发生什么。大家都说我只会欺负弱小，说我深深伤害了多里安——他得看心理咨询师才能恢复过来。我本来只是想融入新环境，但我现在感觉自己就像个渣滓。我一定是有什么问题。我感觉自己有点儿恶心，但我不能这么和其他人说。我试过在院子里找东西拳打脚踢，但我还是很生气。

练习：注意杰丝和山姆身上发生了什么

我们做个练习。请花一分钟时间想想，这几个故事中，对杰丝和山姆来说发生了什么。更确切地说，观察杰丝和山姆是不是像正念勇士一样：他们在执着于对他们重要的事情吗？他们是通过观察和按照自己的想法和感受来灵活行动的呢，还是只知道一味逃避自己？看到别人身上的错误常常比观察自己生活中发生的事情要简单得多。这就是为什么我们让大家通过杰丝和山姆的故事来开始练习静观。想想他们的处境，然后回答下面的问题：

1. 你会怎样总结他们的处境？你认为对杰丝和山姆来说发生了什么？想想每个故事中那些十分明显的事情。

2. 你能用几个字总结一下他们当下的感受吗？

这儿有几个可能的答案（不一定是完全正确的答案）。

杰 丝

1. 杰丝在学校和她朋友面前感到尴尬。虽然这不是她的错，但她很不确定现在该怎么办。就这点来说，她正在自我孤立。

2. 她觉得好像一件事就毁了她的生活。

山 姆

1. 山姆感到害怕，然后决定装狠。他开始欺负一个男孩，而现在他被勒令退学。

2. 他觉得自己很糟糕，好像自己有缺陷。他还感觉到生气，并试过靠击打东西来发泄他的愤怒。

我们认为，尽管他们的处境完全不一样，但杰丝和山姆都有一种受困的感觉，虽然受困的表现方式有所不同。他们都被困在了自己不愿进入的情形之中，也都被困在了不知该怎样逃离现状的想法里。他们的理智正试图想出方法以恢复到可控的局面。

练习：注意你的故事中发生了什么

在我们继续之前，我们想问一下，你的故事是什么？从你当下生活的故事中，你能观察到什么？用一分钟总结一下你人生的旅途以及任何你可能遇到的战斗。你更像杰丝还是更像山姆？或者也许你和他们两个谁都不像。顺着杰丝和山姆的思路，花几分钟时间，在下面的空白处写下你自己的故事和你正在面临的挣扎。如果你受困在不知该写什么的感觉之中，那就讲讲你是怎么选择了读这本书的经历。如果这里的空白不够，你可以把你的故事写在另一张纸上或者你的日记里。

现在看看，从你的故事中你能观察到什么。当你回想你自己的故事时，"受困"这个词是否也能描述你有时的感受？你受困时感受到的是不安全、生气或是恐惧吗？又或者所发生的事情使你深陷其中？如果受困和深陷其中不能适用于你的情形，也许其他进入脑海的一两个词可以概括你的情况，比如："挣扎""不确定"或者"害怕"。

总 结

　　受困是我们人类都不太喜欢的感受，但它也是使我们的正念勇士技巧得以运用的完美时机。为什么不试试呢？我们相当确信，随着你阅读本书的深入，你会渐渐感到受困的地方正在减少，并开始发现生活正在以你可能从未期望过的方式打开。

第四章

找到内心的平静

无畏勇士技巧	
深呼吸并放松	√
静观	√
倾听你的价值观	
决定并采取行动	

自我要先学会平静,才能发现他的真实之歌。

——拉尔夫·布鲁姆

在本章,我们会概述一些即便处在低谷,甚至在真正困难的时期都能帮你保持冷静的练习。所有这些技巧都会有助于你建立正念——这对你成为正念勇士来说至关重要。所有这些又将有助于你放缓脚步,并观察正在发生的事情,最终找到内心的平静。那将开启一扇门,让你慎重做出能反映你价值观的选择。这会防止你在人生难免遭遇的风暴里不至迷失方向。正如生活中的任何事物一样,成功的关键在于练习、练习再练习。所以,不要仅是读读这些练习而已。花时间去做，并随着你持续阅读本书而不断加以应用。

练习：以正念来呼吸

我们明白你知道怎样呼吸，但你可能不知道这个技巧对一位正念勇士来说多么有用。在这个练习中，我们会教你运用一种新的方式：就像船锚一样，来使用你的呼吸。请想象一艘正停泊在海港里的船，波浪汹涌，海风呼啸。是什么使这艘船不会被拖出海港，迷失在茫茫海洋之中？是锚。当船抛下锚时，即便是有强烈的风暴，它都会岿然不动。

我们这里将要教你的呼吸方式称为正念呼吸。它在各种情形下都将对你有所帮助。当你注意到自己正受困于你的思想或感受时，正念呼吸能够帮你再次找到心灵的基石。它不会赶走你的思想或感受，反正那也并不是它的目的。你需要学习和你的思想和感受一起生活，并茁壮成长。正念呼吸会帮你在自己受到风暴袭击时站稳脚跟，不论这风暴源于你的内在，抑或是来自外界。它会帮你暂停片刻并沉思应对，而不是失念地做出反应。当你聚焦于你的呼吸时，你就能将关注点集中于你自身，并找到一片宁静的空间，以决定你想要怎样生活。随着练习，你会找到允许你更灵活应对挑战的内心平静。

第1步：注意你的呼吸

开始从现在就注意你是怎样呼吸的。把一只手放到你的胸口，一只手放在你的腹部。在这些姿势下放松你的手，并观察一会儿你的呼吸。当你吸气时，是你腹部的手向上动呢？还是你胸口的手向上动呢？或者可能两个都有些？

我们猜你会发现你胸口上的手会动得多一些。大部分人倾向于吸气进到胸部。这很正常。你马上要学到的会稍微有些不同：吸气进入到你的腹部。

第 2 步：充满气球

把你的手保持在相同的位置，并确保你腰背挺直。现在我们要请你用自己的想象力做些稍微不寻常的事。我们要你想象在你的腹部里有一个气球。当你吸气时，你腹部的气球会充气变大，而这会使你的腹部鼓来。当你呼气时，气球会变小，它会放掉气体，然后你的腹部就会平复。

当你用这种方式呼吸时，你胸口上的手不应该移动很多。要习惯这么呼吸可能会花些时间。你可能需要练习，因为这种呼吸方式可能与你惯常的呼吸方式有所不同。坚持住，并持续观察你的呼吸。当你吸气时，气球充气变大；当你呼气时，气球泄气变小。

如果你保持专注于你的呼吸时有些困难，不必感到不爽。大家都是这样。呼吸时数数可能会有所帮助。当你吸气时想：进，2，3；当你吐气时想：出，2，3。

至少需要一分钟来练习以这种方式呼吸，一分钟之后，你可能仍会感觉自己的情绪正试着掌控你。如果是这样的话，那就练习三分钟甚至更长时间。

第 3 步：练习

现在你只需要练习。运用这个技巧要真正达到自如的地步，你需要每周至少练习几次。我们建议你每次练习几分钟，而且每天都要练习。如果你在平静时多加练习，你就会发现，当你面临挑战之时，这么呼吸会更容易。

正念呼吸的美在于你可以随时随地练习。当你等公交车时，想想你腹部的那个气球，正随着你的呼吸而起伏，你吸气它充气变大，你呼气它泄气变小。当然，当你坐在班上或听音乐时，都可以把这当成是练习几次正念腹式呼吸的机会。

另外要说的是，这种深呼吸，是许多其他练习的基础，而这些练习会帮你变得更加专注于心，或更有好奇心，并能够体会到活在当下。随后的练习只是部分方法。所有这些练习，都可以先通过做一两分钟正念呼吸来开始。

任何时候，当你感到生气、害怕、焦虑不安或苦恼之时，记得做几次正念呼吸。你会惊异于它帮你平复心境的有效程度。它是一位勇士所能持有的最好技巧之一。事实上，它是任何人都能持有的最好技巧之一。

● 杰丝：找到内心的平静

正念呼吸听起来真的不靠谱！我真没指望我怎么呼吸能起一丁点儿作用。那怎么可能？我从出生那天就一直在呼吸啊！但我倒真喜欢能够成为一名勇士的想法——杰丝：勇士公主！——所以我决心一试。

再说，我真想做点儿什么，而不是每天都在家里干坐着。现在我什么都愿意尝试。所以我开始练习，尝试这么呼吸，但我总是无法集中精神。于是，我加入了吸气数到3，呼气数到3的方法。那样做确实多少有了些帮助。好几个礼拜以来，我一直坚持每天都练一小会儿。练习倒是没问题，但我没有感觉到它能把我变成正念勇士。好像没多少成效——直到刚才。

我和妈妈打了最凶的一架。我一直浑身颤抖，感觉好想要尖叫着跑开。我坐在床上号啕大哭。但后来我开始腹式呼吸并开始数数。虽然那没有消除我对妈妈的生气，但我感觉到不那么想跑开了，也感觉到能稍微控制自己一点点。

渡过难关

杰丝这个练习进行得相当不错。而且她是对的：正念呼吸不会使你的痛苦感受立即消除——它也没打算那么做。确切地说，它会帮你学会像锚一样稳定自己，不至于被你的感受所伤害。那和使你的感受消失是很不同的。所以，即使练习正念呼吸，杰丝仍然会很生气，但她也会感到对自己有了更多一些的控制。杰丝认识到的重要一点在于，她懂得当自己平静时，需要每天持续练习这个技巧，这样她才能够在困难情形降临之时，学会从容应对。

练习：协调你的身体

在这个练习中，你将在把腹式呼吸当作船锚使用的基础上，通过协调身体情况，来开始发展你的静观技巧。

我们通过做些正念呼吸来开始。只呼吸几次，每次气球都被充满。

把注意力放到身体的不同部位。首先注意你的脚，然后注意你的脚和脚下地面的接触。你甚至可能需要动动脚趾才能知道你的脚到底在哪儿。用一分钟时间注意体会你的脚的每一丝感觉。你可以观察诸如温度、鞋的松紧度、袜子的褶皱——任何你能注意到的都好。当你注意观察所有这些时，保持正念呼吸。

下一步，观察你的肩膀和脖子，看看你能否注意到在所有这些地方你体会到的所有感觉。看看你是否能察觉到温度、和身体接触的衣服，或者可能还有你身体肌肉的紧密度。任何你能注意到的都很好。如果摆摆肩能帮你注意到这些地方的感受，你也可以那样做。

现在，你可能懂得这个练习是怎么回事了：正念呼吸——要慢而且深——同时也要注意你身体的感觉。你可以把注意力的焦点集中在身体的任何部位上，或者你甚至可以循序让焦点在你身体的所有部位移动。这个练习会强化你的"正念肌肉",并帮助你在困难时期管理自己,比如在考试过程中遇到压力,或者遇到什么不顺心的事。

练习:用新的耳朵听音乐

要是能通过听你最喜欢的音乐来培养正念勇士的技巧,那该有多酷!为了这个练习,你需要选一段你喜爱并已经听过好多遍的音乐。现在你要再听一次,但这一次你将练习用正念的方式来听音乐的不同部分。

在开始播放音乐之前,请坐下,并使自己感到舒适。

做几次深深的正念呼吸来像锚一样固定自己。平静就好,然后默默地数:进,2、3;出,2、3。

下一步,播放音乐,全神贯注地听,什么也别做。你会发现你会走神。没事,大家都这样。事实上,那就是练习的一部分:注意到你已经走神了。每次那样时,把自己带回音乐就好。

假如是一首歌,播完一次,你可能想再播放一次,或者听另一段不同的音乐。(你可以马上就做,或者换个时间再试一次。)我们建议再听一遍,仍然要全神贯注。但这一次,练习把你的注意力转移到这首歌的其他部分。比如,首先全力注意歌唱的部分,然后转到吉他、键盘或另一种乐器的演奏。然后再转移到另一个乐器的演奏。你也可以观察音乐的特色例如节奏和拍子。花30秒时间把关注焦点放在这首歌的一部分,然后再转移到另一部分。这样会给你在静观方面一个很棒的练习。如果你注意自己有些走神,把注意力带回到音乐就好。你练习这个技巧所有要做的事就是这些。

其他建立静观技巧的方式

正念可以通过各种有意思的方式来练习。比如，你可以通过把注意力放到食物上，带着好奇心来练习正念吃饭。吃饭时，运用你所有的五官。看着你的食物，品尝、嗅闻、碰触，甚至是倾听。

你可以运用正念来做几乎任何事。你可以运用正念做杂务、散步、冲澡或者和你的宠物嬉戏。

你可以进行一场正念对话，倾尽全力注意和你对话的人，真正尝试理解对方的感受。正念意味着真正的倾听，而思考接下来要说什么则是失念。你会惊讶于正念倾听对于增进友谊的帮助作用。选一位你愿意了解更多的朋友，问他下面的一个问题，朋友回答时，运用正念来倾听：

◎ 你做过的最勇敢的事情是什么？
◎ 今年你最大的目标是什么？
◎ 你的大多数钱花在了什么上面？
◎ 你收到的最好的夸赞是什么？
◎ 去年你经历的最有趣的事情是什么？
◎ 你希望自己知道更多的一个学科是什么？

总 结

正念呼吸和静观——这些简单的技巧，是成为一名正念勇士的关键。你的呼吸永远在那里，为你所用。任何时候，当你受困于自己的想法、感到极其情绪化和可能失去控制时，调整你的呼吸。只管注意它，深呼吸，并数数，进，2、3，出，2、3。就是这么简单。确保经常进行这一章的所有练习。因为呼吸和静观，是你在本书后文以及你整个生命中，都会用到的技巧。

第五章

静观你内心的战斗

无畏勇士技巧	
深呼吸并放松	√
静观	√
倾听你的价值观	
决定并采取行动	

我们会用我们全部的生命,来逃脱我们的意念怪物。

——佩玛·丘卓

　　正念勇士不是为了战争而战。确切地说,他们是为了重要的事,为了对他们要紧的事而战。他们是为了自己的价值观而战。

　　本章要讲述的,是关于我们人类如何倾向于与我们的情绪作战(这个情绪看起来就像我们内心的怪兽),并尝试赶走它们。我们会教你运用静观技巧,来留意你自己与情绪的战斗。如果你曾憎恨过你的感受或者试图消除它们,那么本章正适合你。

事实是，感受和想法二者是连在一起的。但是出于写作的目的，也为了帮你理清其内在的关联，我们会在第五章和第六章主要讨论感受，而在第七章和第八章主要讨论想法。

理解情绪

首先，我们来看看情绪是怎么回事。我们每个人都有情绪，但是大部分人并不知道为什么我们会有它们，或者它们是如何运作的。许多心理学家相信人类有九种基本感受：

◎ 欣喜（Joy）　　◎ 震惊（Shock）　　◎ 悲伤（Sadness）
◎ 恐惧（Fear）　　◎ 爱（Love）　　　◎ 愧疚（Guilt）
◎ 愤怒（Anger）　◎ 厌恶（Disgust）　◎ 好奇（Curiosity）

当然，每种情绪都由多种"味道"杂陈而来，有时候我们体验到的也是多种情绪的混合体。但现在，我们姑且来考虑这九种基本的情绪。再看一下上面这个列表，一直以来，哪些情绪被教给你是"好的"，哪些又被认为是"坏的"呢？

如果你像大部分人一样，你会说欣喜、爱和好奇是好的，而其他六个则是坏的。还因为我们想避开"坏的"感受是我们完全天然的反应，所以我们尝试忽略它们或者想摆脱它们。

花一会儿时间思考一下你不想有的"坏"感受。你想消除尴尬或恐惧吗？你想躲避悲伤或愧疚吗？如果你对这些都说是的话，欢迎来到人类的情形。人人都在尝试摆脱"坏的"感受，无论大人、青少年还是幼小的孩子。但是潜在的问题来了。你有没有注意到，你越不想悲伤，你越容易坠入伤感，你越要摆脱担忧，你却越是焦虑?

这有些怪异,你不觉得吗——我们只有九种基本感受,我们却不想要其中的六种,并且我们发现,当我们不想要它们时,我们却越发感受到它们的存在。这就好像我们是在和我们大部分的情绪进行一场内在的战争。

● 杰丝和山姆: 打这场感受之战

在这儿,我们看到的就是在杰丝和山姆的生活中,这场感受之战让他们筋疲力尽。

敌人: 坏悲疯(Badsadmad),感受的怪物
目标: 消灭怪物
武器: 绳索
地点: 深坑之上

战争设定:进行拔河比赛。杰丝和山姆在坑的一端,负面感受怪物坏悲疯在坑的另一端。把怪物拉进坑里,杰丝和山姆就可以挣脱恐惧、疑惑或悲伤。所要

做的一切，就是倾尽全力把怪物拉进坑里，摆脱它。奖品丰厚：再也不必感到难受了。

有时怪物好像要赢。有时杰丝和山姆好像要赢。他们都为了胜利而倾尽所有，竭尽全力。这场拉锯战持续了好几个小时、好多天、好多个礼拜。但是问题来了。杰丝和山姆拉得越使劲，他们就越累，而在同时，怪物倒貌似变得越发强大了。

要是他们赢得胜利，战争就是一个好结果，可怕的感受会永远消除。但这可不容易，可能需要多年的艰苦努力。杰丝和山姆能做得到吗？

我们一会儿再回到这场感受之战。现在，我们先来看看如果你要赢得自己的感受之战，你可能会尝试的方式。

为了控制的战斗

我们大家都很努力尝试避免"坏的"情绪，这种努力会以不同的方式显露出来。比如：有的人因为不想感到不安全，所以会欺负别人。另有一些人为了避免想到比如马上要来的考试之类不开心的事，会几个小时地上网。有的人在社交环境中会感到不安，所以他们选择避免和别人待在一起。其他人很害怕感觉到他们自己像是个失败者，于是不去接受挑战；他们愿意只求安全，而不敢下更大的赌注。

尽管人们有无数方式用来躲开坏感受，但似乎没有一样能够奏效。不得不演讲时，他们依然畏惧紧张。友情破裂时，他们一样会感到末日般的痛苦。遇到失败时，他们依旧感到惭愧。有人侮辱他们时，他们还是会感到生气或受辱。许多人悄悄相信，他们有着深深的缺陷。即使是现在，当你读到这些时，某个地方有人正在想着自杀，有人正在哭泣，有人正在对别人感到愤恨，有人正在感到惭愧。为什么我们不能消除这些想法和感受呢？为什么我们不能击败我们内心的怪物呢？也许山姆的故事会有助于回答这些问题。

● 山姆：尝试控制感受

我已经无所事事几乎一个礼拜了。被勒令退学真的很折磨我。我真受不了自己。每次我一静下来，都会想到我做的所有坏事。我痛恨我自己。我最想要的就是，心里难受的愧疚感能离开我。愧疚就像电影里的连环杀手，就在你以为已经摆脱掉它的时候，它又会悄悄靠近你，一把掐住你。我觉得我自己简直喘不过气来。

我劝自己要试着冷静下来。但要摆脱自己的感受，几乎会占用我所有的时间。我基本上得一直保持忙碌。

今天，我把我的滑板带到了公园，我使劲地滑着——努力到我全身大汗淋漓。这让我感觉好了会儿——直到有个家伙用斜眼儿瞧我。我朝他粗鲁地喊了几嗓子，告诉他滑他自个儿的就够了。

在回家的路上，我路过商场时看见桑迪。这个女孩住的地方和我家也就隔条街。我喜欢她，所以对着她微笑了一下。她回了个微笑，并朝我走了过来。我可吓坏了，因为她要是和我一说话，就会知道我是个失败者。

我慌忙一转身，跳上滑板赶紧逃跑。一旦到了安全距离，我让自己的速度慢下来。我恨自己这么懦弱。我奇怪自己有什么毛病。我跟女孩子连个话都不敢说，就别说更进一步了。我戴上自己的iPod，重金属音乐在我的脑袋里如同爆炸一般响起。我拿拳头狠狠地捶打栅栏。这才好了些——仅仅好了一会儿。

练习：静观山姆的战斗

当你考虑山姆经历的这个下午时，你会看到他经历了几种痛苦的感受，并做出各种事来作为回应，试图控制这些感受。他试过使劲滑滑板、逃避桑迪、大声放音乐并拳击栅栏。请在下方的空格处，列出你认为山姆试图让它停下来的痛苦感受，以及他的策略是否使他的情况有所好转。

山姆的控制策略	山姆的感受	它有帮助吗？
保持忙碌		
使劲滑滑板		
逃避桑迪		
狂放音乐		
拳击栅栏		

练习：静观你自己为了控制的战斗

正念勇士会学着小心挑选自己的战斗。当你练习本书中的技巧时，你将学会如何挑选。第一步是先看看你在尝试控制自己的感受时做了什么。看一眼以下的感受，我们来开始。有没有想过把左边的感受移到右边？有没有试着这么做过？

恐惧　　　　　→　　无畏

没有安全感　　→　　自信

悲伤　　　　　→　　快乐

窘迫　　　　　→　　冷静且自信

第二部分　内在的战斗

正如我们提到过的,人们会用许多不同的策略来抛开负面的感受。查看这些策略的一个方式,便是将它们分为两组:内在策略和外在策略。内在策略是你与内心的怪物搏斗所做的事,就像山姆通过用大声的音乐冲刷大脑使自己不去想问题。外部策略则是为了和你的感受搏斗你在身体之外所做的事,比如山姆逃避桑迪。

用一分钟时间浏览一下下面的内在和外在策略列表,然后勾选出你有时为了避开负面感受会做的事情。接着,想想你特别熟悉的人,以及你可能看到过的他们为了和自身感受战斗曾做过的事情,然后在右边栏中勾选出这些内容。(我们之所以请你这么做,是因为知道你不是唯一使用这些策略并能从中获益的人。)

	我有时这么做	我认识的人有时这么做
内部策略		
把负面感受抛在你脑后		
迷恋其他事情		
大吃特吃		
用睡觉来躲避感受		
过度锻炼		
拖延耽搁		
用白日梦来躲避感受		
躲避与人相处		

	我有时这么做	我认识的人有时这么做
批评自责		
酗酒或吃药来阻止感受		
玩视频游戏、看电视或用电脑来躲避感受		
外部策略		
跟人发火		
装相逞强		
表现得满不在乎		
装消失玩失踪		
故作很受伤害		
做"超级好人"并试着取悦所有人		
把人逐出你的社交圈		
说人坏话		
嘲弄他人		

现在回到列表，对着每一格你勾选出的自己有时会用到的策略想一想，回答如下问题：那个策略会奏效很久吗？它有时会使你的生活变得更糟吗？

我们希望通过检查你和其他人所做的事，帮你懂得战斗和控制感受并不十分有效。不妨这样想想：如果真的奏效的话，那些强烈的感受就不会真的是个问题了，是这样吗？

练习：用控制做个实验

我们并不想教你对于你的感受应该遵守的一大堆规则。作为一名正念勇士，你要学会信任自己的经验，并想明白在你独特的处境下需要做的事情。但是，为了防止你依然认为控制感受也许是可取的，我们来做三个快速的实验。

实验一

想象一个巧克力蛋糕，试着把它想得尽可能真实。要把这个巧克力蛋糕想得漂亮、温暖，而且上面散布着甜黏可口的巧克力沙司。然后想象你马上就要啃它一大口。

准备好迎接挑战了吗？在接下来的三分钟，你不许想巧克力蛋糕。给自己计时，每次一旦你想到那块味浓、甜黏、美味的巧克力蛋糕，就在下方的一个格子里标上记号。

你觉得这个实验难吗？大多数人都会有这个感觉。即便你成功了，你可能会发现那需要付出很大的努力。你可能必须非常努力地把精力放在其他事物上。现在想象一下每一个清醒的时刻都要这么做，那一定会让你筋疲力尽，并且也不会有多大进展。然而，这正是许多人为了躲避感受所做的事情。

实验二

花一分钟时间朝四周看看，在地板上、墙上或地上找个斑点，把它牢牢记在心中，以便你能随时回来关注它。准备好实验了吗？我们要你深深地、无可救药地爱上那个斑点。(是的，我们的意思是：我们要你爱上那个斑点。)

别着急。尽管努力爱上那个斑点。想象你要给它建个神龛，并告诉你所有的朋友它有多了不起，因为你非常爱它。

你成功了吗？我们猜你没有。这正好表明要强逼自己有正面的感受有多难。你就是不能使自己坠入爱河或者感到开心。

实验三

想象一下：如果你能做到两件事，我们就给你一亿美金。第一，一周之内，你得清除掉你屋子里的所有垃圾。你能做到吗？我们猜你能。第二，你得清除掉你的所有负面情绪——悲伤、恐惧、挫折、没有安全感，诸如此类——要持续一整周时间。你能做到吗？想象一下你能感觉到的所有压力。你可是要赢一个亿噢！你怎么可能没有压力的感受？如果你说你不能摆脱负面情绪，你并不孤单，好多人都和你一样。你根本不可能像清除垃圾一样轻易清除自己的感受。

结 论

你不能强迫自己不要有这种感受或者那种想法。你越尝试越不可能成功。这就像是有两个规则：

◎ **身心以外的规则**：如果你想摆脱你不喜欢的东西（比如说垃圾），你通常能做到。

◎ **身心以内的规则**：如果你想摆脱你不喜欢的感受和想法，你通常做不到。

总　结

　　我们人类正在进行着试图避免"坏感受"的战斗。但是，正如你在本章所看到的，尽管避开麻烦的感受可能帮你在短期内感觉更好些，但从长远来说它根本不管用。为什么呢？因为尽管我们可以摆脱外界坏的事物（比如垃圾），但要摆脱内部世界的东西（比如恐惧）却要难得多——通常都是不可能的。

　　所有这些对杰丝和山姆意味着什么？我们不能不做一下回顾就结束本章。他们在一场战斗中开始了本章。那是一场感受之战，一场与怪物"坏悲疯"的搏斗，他们在其中尝试赢得对于他们的感受的终极控制权。但他们可曾真的赢过？将来会不会还有更多"坏感受"趁机而来？可能这是一场失念的战斗。如果他们一直这样战斗，也许他们就需要永远战斗下去。请继续往下读，你会发现杰丝和山姆是如何变成正念勇士的，他们又是怎样学习与自己的感受合作而不是对抗的。

第六章
采取获胜的招数

无畏勇士技巧	
深呼吸并放松	√
静观	√
倾听你的价值观	
决定并采取行动	√

要知道,最挺拔的树最容易折断,竹子或柳树却靠弯曲经受住了风的肆虐。

——李小龙

在本章,我们将帮你继续磨砺你的静观技巧,但我们也将开始试一试决定的技巧:选择行动并将它们贯彻实施。对于感受而言,这两种技巧可以密切配合。第一步是静观——当你和你的感受对抗时进行观察。然后,你可以决定是否继续对抗或是选择做其他事情。

走出 心灵 的误区

大多数人都习惯于和他们的感受对抗，他们认为这是对感受唯一的回应方式。但你得这样想：只有一个策略的勇士肯定不是一个好勇士。也许是到了我们学习其他回应方式的时候了。让我们一起来看看这些是如何在杰丝和山姆身上发挥作用的。

● 杰丝和山姆：发现愿意可以取胜

我们回到战场。

敌人：坏悲疯，感受的怪物
目标：消灭怪物
武器：绳索

地点：深坑之上

杰丝和山姆正在艰难地战斗着。每个人都试图把感受的怪物拉进坑里，如果成功，他们将赢得自己感受的最终控制权。他们再也不会被诸如恐惧、害怕或窘迫这些很深很阴暗的感受抓住了。

杰丝艰难地拉着绳子，试图打败怪物，但她觉得自己毫无进展。事实上，有时候她自己却更加滑向坑的边缘。一回头，她听到有人在说话，这是几位勇士，他们已经不再打仗了。他们在过着他们的生活，并分享着他们的冒险和乐趣。

山姆要强壮得多。看起来，他已经

把怪物拉得更靠近坑边——近到连坑边的土都开始碎裂了。但山姆已经大汗淋漓冒汗，精疲力尽而且浑身颤抖。他还能坚持多久呢？

突然，杰丝冒出了一个全新的想法。她两眼放光，高声叫道："当然了，就这样！"她扔掉绳子，好奇地凝视着怪物"坏悲疯"。怪物还在上蹿下跳，它吼道："听着！我会让你害怕，我会使你这辈子都恐惧！"但是魔咒被打破了。杰丝意识到她可以不用打仗就能赢得战斗。答案貌似简单，但又那么难以明白：只管放开绳子就好。为什么没有一个人教我这样呢？她有些疑惑。最终，她发现这只感受的怪物根本不能真的伤到她。的确，它既卑劣又吓人，但它真能把人怎么样吗？

她坚守着自己的阵地，面对怪物说道："朝我吼几句卑劣的话？就这几招吗？就没别的了？"

随后，她给山姆建议道："另有办法耶。你可以不战而胜。"

"你靠放开绳子赢了？"

"是啊。正念勇士的招数是通过不与自己搏斗变得强壮。"

替代战斗

所有无畏勇士技巧都能帮你处理不开心的感受。当那些感受显露出来，你要做的第一件事就是深呼吸。然后，静观你的感受。一旦切近观察，那些感受便有可能告诉你与你的价值观有关的一些事。一旦你能静观自己的感受，你就可以选择如何应对它们。你有两个选择：

1. 不愿意有这种感受，试图摆脱它们。
2. 愿意有这种感受，让它来去自由，尤其是在这种感觉能帮你去做对你来说重要的事情之时。比如：你可能为了在班上演讲或者请某人出去约会而愿意经历恐惧。

选哪个选项完全由你自己来决定。因为你可能对于第二个选项没有很多经验，所以下面通过一个练习供你对它有所了解。

练习：愿意喘不过气来

要做这个练习，你需要一个能显示秒数的计时器，比如手表或手机和电脑上的时钟。练习分两部分。

第一部分

尽可能长时间屏住你的呼吸。现在开始。结束时，写下你屏住了多长时间呼吸。

计时第一次：我屏住呼吸 ＿＿＿＿＿＿＿ 秒。

第二部分

现在再做一遍同样的事。但这次要愿意经受不舒适和痛苦的感受，也要运用你的静观技巧。这里是我们想要你做的：

1. 做几次深呼吸并放松。
2. 屏住呼吸并注意任何不适。就让不适存在便好。不必尝试摆脱它。只管带着好奇的眼光来看自己的感受。

计时第二次：我屏住呼吸 ＿＿＿＿＿＿＿ 秒。

这个练习不在于屏住呼吸时间更长，而在于愿意去经历不适。在第二次，你

第二部分　内在的战斗

可能屏住气息的时间更长或更短。更短或更长——都无关对错。

现在花几分钟时间描述一下你在这个练习中的感受。你屏住呼吸时是否一会觉得不适，一会这种不适感又消失了？你不适的感受是在什么时候增加或减少的？

_____

_____

_____

在你真正开始呼吸之前，你的意念是如何劝说你的？

_____

_____

_____

这个练习显示愿意不只是咬咬牙承受难受的感觉而已。愿意包含的是当感受时隐时现时，要静观感受而不要被其所左右。为了了解愿意怎样在真实生活中发挥作用，我们来看看山姆所处的情形，以及他是如何选择了愿意并使用无畏勇士技巧来为他所想要做的事情服务的。

● **山姆：我愿意**

我满脑子都是桑迪——就是我那天在商场躲避的那个女孩儿。她当时竟然朝我笑了。她真的是热情火辣！不论什么时候听到她说话，她总是那样让人心仪。我好希望她是我的女朋友。但问题是，每次她在附近的时候，我都会变得特别紧张，紧张得直朝相反方向逃跑——或者装酷表现得好像我根本没有注意到她。

我好想更认识她。但是我不想在她跟前紧张，所以就只好躲开她。但是我忘不了她……我满脑子绕圈儿。我不知道怎么办才好。

我已经注意到我用来躲避这些感受所做的事，比如跑开或者装酷。它们只能一时间让我感觉好些，但随后我就恨自己没胆量和她说话。我似乎就是忘不了她，而且越来越糟。

因为我用老办法一直都没什么进展，我决定考虑用一下那些愚蠢的无畏勇士技巧。我猜吧，它们管点用。它们有点儿好笑，但的确好像让我脑袋清醒了些。

我也做了另一个决定：即使我感到害怕，今天我也打算和桑迪说说话。我打算和她打个招呼。要是我感到紧张害怕，我就做几个正念腹式呼吸。就算是感到我就快要死过去了，我也要这样做。我已经厌烦干等了。我不会让我的意念把我吓得不敢和她说话了。

愿意的公式

山姆对于和桑迪打招呼的事非常紧张。过去，他被这些感受摆布，避免和她说话。这帮他消除了紧张，但却使他失去了与桑迪交朋友的机会。这是个巨大的代价。所以，山姆最终决定愿意承受紧张并与桑迪说话。

对每个人来说，这就是使用无畏勇士技巧会发生的：愿意经历那种感受，静观并且选择做自己在乎的事情。

在第十一到第十三章，我们会帮你澄清你的价值观。知道你在乎什么是你愿意付出的关键。就现在而言，请先背会这个简单的愿意公式：

我愿意经受 _____（害怕、不安、悲伤、生气等等），

以便 _____（做你最在乎的事情）。

练习：理解愿意

负面感受和欲望常常是相互关联的。正如你看到的山姆一样，有时你做不到不放弃对你重要的事物，同时还能避开痛苦的感受。所以，如果你想的话（祝你好运），你可以尝试摆脱负面感受，但那很可能意味着你必须放弃你在生活中真正想要的事物。为了说明这一点，花点时间来回答下面四个愿意的问题。

1. 为了成功而奋斗，你要冒如下所有的风险：
   ◎ 有时感到失败
   ◎ 对于失去感到悲伤
   ◎ 感到愚蠢
   ◎ 感到失望

   不管怎样，你都愿意为了成功而奋斗吗？

2. 为了寻求爱情，你要冒如下所有的风险：
   ◎ 感到被拒绝
   ◎ 感到孤独
   ◎ 感到不安全
   ◎ 感到脆弱

   不管怎样，你都愿意寻求爱情吗？

3. 为了成为别人的好朋友，你要冒如下所有的风险：
   ◎ 感到被辜负
   ◎ 感到失望

◎ 当你做了不是出于你本意的事时，感到难堪

◎ 感到感情受到伤害

不管怎样，你都愿意成为别人的好朋友吗？

4. 为了冒险，你要冒如下所有的风险：

◎ 对没有你原本希望的那么好感到失望

◎ 感到有时失去控制

◎ 冒险结束时感到伤心

◎ 学到生活有不开心的事，比如挑战或者处理预料之外的困难

不管怎样，你都愿意冒险吗？

每次当你对这样的问题回答"是"时，你都给了自己扩展生命并发现新事物的机会。而每次你的回答是"不"，并尝试不去经受特定的感受时，你都是在限制自己。如果没有对生活也说不的话，你便不能对自己的感受说不。

这里有个青少年通常会在乎的一些事情的列表。从中选择一件你愿意去做但又有些困难的事，然后把它带入后面的愿意公式中。为了做那件事，你愿意经历负面的感受吗？记住，这是关乎对你来说重要的事情，所以唯有你才能给出回答。

◎ 和朋友说一件你很自信的事

◎ 把自己介绍给你想约会的人

◎ 勇敢面对别人的欺负

◎ 参加一场比赛，比如：象棋或运动

◎ 强迫自己去表现，比如：运动或学术方面

◎ 为一次会遇到困难的考试而学习

◎ 在全班同学面前演讲

我愿意经受 _____（害怕、不安、悲伤、生气等等），

以便 _____（做你最在乎的事情）

总　结

内部的战斗是关于尝试控制不快的情绪感受，诸如恐惧和不安之类。第五章和第六章展示了你可有两个选项：

1. 和感受做斗争。
2. 使用无畏勇士技巧并愿意经受痛苦的感受，来为你所在乎的事物服务。

记住，不存在什么或对或错。有时你会选择愿意，有时你不会。所有这些都归结为你想拥有什么样的生活。把愿意想象成一次跳跃，你来决定要跳多远。你可以只跳一小步——只做相当容易的事；或者你也可以跳一大步来面对一个可怕的挑战。

如果你的确选择了跳跃，你就要运用所有的无畏勇士技巧：深呼吸并放松；以好奇心和开放的方式静观你的感受；倾听你的价值观，并决定做你在乎的事情。

第七章

遇见机器

无畏勇士技巧	
深呼吸并放松	√
静观	√
倾听你的价值观	
决定并采取行动	

人不是命运的囚徒,而只是自己意念的囚徒。

——富兰克林·罗斯福

你马上就要踏上一段……进入你意念的冒险之旅(请击鼓欢呼)。在本章,我们会帮你学习观察你的意念。途中,你将会了解到它惊人的能力——以及它暗设的陷阱。我们不会全部剧透,但是你将发现你的想法能领你误入歧途,正如你的感受一样。在本章,我们将主要谈谈静观想法。然后在第八章,我们会用决定和实施的技巧,帮你连接你的观察和有效的行动。

与假想的对手作战

如同感受一样，正念勇士会学习静观他们的思想，而不是被它们摆布。为了了解相反的人会如何表现——失念的战斗者会做什么——我们来看看一位文学中的著名人物：堂吉诃德。他非常沉迷于骑士和公主的书籍，决定进行一段"高贵的"探索追求。他穿上了一副旧的盔甲，给他那皮包骨头的马起了个华丽的新名字，叫"驽骍难得"，然后骑着它去乡间探险。他的错觉使它陷入了各种困境：他把一家平常的客栈误以为是一个城堡，并要客栈主人给他骑士的封号。然后，他把风车当成一个巨人并与之搏斗。

堂吉诃德可能勉强称得上是个勇士，但你不会称他为正念勇士。他生活在一个完全浪漫主义化甚至由他的意念所发明的世界里。他相信他的意念创造的所有事物。他把自己的时间浪费在了与真实生活完全无关的战斗当中，最终导致了他或他的侍从桑丘·潘沙被击败。

庆幸的是，大多数人不会如堂吉诃德一样与风车战斗，但是如果我们不小心，我们所有人都会受困于我们意念的虚幻当中。人类的意念难以捉摸，是因为它很聪明——非常聪明。所以本章中，我们会教你如何注意到它的游戏，并且教你如何不被它时不时会有的花招所捉弄。

意念是一个发现问题的机器

要了解意念，我们发现把它想作是一台有操作系统和许多任务要执行的机器会有帮助。这些任务中的一部分是很明显的，比如说保持身体活力。还有无数个并不明显的其他任务。这里仅是其中的一些：

◎ 处理同时突然涌向你的大量信息

◎ 理解所有信息

◎ 识别并修复任何它能找到的问题

◎ 评估意念自身做得多好（是的，你的意念甚至可以检查其自身）

◎ 评估你能做得多好（尽管这可能和评估你的意念做得多好是一回事儿，但它们是不同的，就是这一点会导致陷阱）

◎ 对比你做得如何和别人看上去做得如何

我们可以继续、继续再继续，但是你明白我们的意思。总之，意念是一个发现和解决问题的机器。它会非常认真地对待这些工作。它的工作就是定位和解决在你身心内部和外部的问题。

下面的表格展示了意念是如何处理这两种问题的。

走出心灵的误区

意念怎样工作		
	发现问题 （存在问题吗？）	如果是→	解决问题 （我如何解决它？）
身心以外	那是个狮子吗？	如果是→	我如何逃避它？
身心以内	我的思想痛苦吗？	如果是→	我如何逃避它们？

但是，正如你在第五和第六章学到的，解决外部和内部世界的问题有着巨大的差异。你可以扔掉你屋子里的垃圾，但你不能真的摆脱你的想法和感受。

解决外部世界的问题当然极为有用。它使我们的物种得以繁衍直到今天。人类已经学会了通过建桥来渡过大河。我们发明了电话（以及脸书、短信、微信和微博）来解决远距离通讯问题。然而，解决诸如痛苦思想的内部问题却截然不同。当意念尝试解决它们时，它通常都会失败，因为这些想法是我们天然的一部分，并与我们所在乎的事物息息相关。比如说，如果你认为你在全班同学面前讲话很糟糕，你的意念就很可能尝试为你解决这个问题，而它解决的办法是创造出许多你不应该演讲的理由。你的意念以这种方式为你解决了"糟糕演讲"这个迫在眉睫的问题，但如果你在乎的是提升你的公众演讲能力，那其实根本帮不了你。你需要练习才能变得更好。你的意念给了你一个解决方案（因为你演讲"糟糕"，那就不去演讲），但这个解决方案却是行不通的。

为了了解意念是如何成为发现问题的机器，我们要回溯到史前时代。许多人认为问题的解决帮助早期的人类得以生存下来。意念需要保护人类不因野兽及其他威胁而受伤或死亡。那时，发现和解决问题是一件关乎生死存亡的大事。

练习：判断谁成了狮子的午餐

这儿有个快速测验能帮你明白，意念作为发现问题的机器会多么有用。我们

第二部分　内在的战斗

假设有一小群人——路易斯、加布里埃尔、艾萨克、凯特琳、阿里安娜和斯图尔特——他们都住在一个饥饿的狮子常常出没的地方。现在想象一下他们看到远处有个模糊的棕色影子在草丛中若隐若现。在你做这个测验之前，我们先泄露你一个秘密：那个模糊的棕色影子是只饥饿的狮子。

现在你知道了所有背景信息。请阅读下面对于每个人的描述，然后勾出每个人是否有被吃掉的可能。

问题	被吃掉	不被吃掉
路易斯的意念对问题很敏感。他经常躲在他的洞里，而且很小心。		
加布里埃尔很冷静、放松，这貌似是个好事，但她常常大意地在草丛中游荡。		
艾萨克发现问题的能力不错，而且只要他想他就能发现狮子。但无论何时只要他喜欢，他都会关掉他的发现问题机器。		
凯特琳不能关掉她发现问题的意念。她所有时间都在搜寻危险。		
阿里安娜发现问题的意念超级敏感。它能发现所有狮子，但常常认为在每片叶子背后都有狮子，甚至没有狮子的时候她也这么认为。		
斯图尔特问题发现的意念不够敏感。他的意念注意不到狮子。他有很多时间都是在做白日梦。		

会被吃掉的人是加布里埃尔、艾萨克和斯图尔特。加布里埃尔没有好的发现问题机器。可悲的是，第一个出现的狮子就可能吃掉她。艾萨克只要不关闭他的发现问题机器就会安然无恙。但如果有一天他决定关掉机器，他就比不关掉机器的凯特琳更容易被狮子吃掉。至于阿里安娜，太过敏感可能是另外一个类型的问

题，但是她每次都能成功逃脱狮口。因为斯图尔特有时探查不到问题，他很可能会变成狮子的午餐。

这些答案可能相当明显，但是希望这个测验确实能帮助你了解一些关于意念作为发现问题机器的关键点。

◎ 意念的主要工作是通过查找和解决问题来确保你的生存。

◎ 因为生存是你意念的第一要务，它需要极其敏感，以便探查得到哪怕是最小的问题。

还有其他你需要知道的事：没有人有像艾萨克那样的意念。你根本不可能关闭你的发现问题机器。但你并非无事可做。你可以观察你行动中的意念并注意它何时过度活跃。当你注意到你发现问题的意念过度活跃时，你可以选择如何回应，而不是盲从你的意念告诉你的内容，并不加思索地回应。比如，你可能听到你的意念说你"不够好"，但你仍然尽己所能。

思考史前的人类和发现问题机器都很好，但现在该怎么办？对绝大多数当代人来说，他们都不会面对如狮子一样的威胁，那么所有这些发现问题的方法又如何应用呢？我们来看看山姆的情形，来了解一下发现问题机器通常如何应用。

● 山姆：注意到发现问题机器

我注意到，自从我被勒令休学以来，我做的所有事情就是坐着空想，想弄清楚自己到底出了什么问题。这就好像我想查出我身上有缺陷的地方，并想毁掉它或者挪走它。

我的意思是，我觉得我毁了多里安的生活。我大部分时间都花在了想弄清楚我怎么会搞得这么一团糟，和对自己的所作所为感到恶心上头。我不管看哪儿，都好像有东西在提醒我有问题。即使是我以前很喜欢干的事都让我想起我所有的问题。当我去了溜冰场，如果我看见其他人，我觉得他们一定在嘲笑我，就像是我在嘲笑的那个叫多里安的孩子。我一想起那个辣妹女孩桑迪，我就恨我自己，而不是梦到她。

我的意念全天都不停息，一直在批评我。如果我必须给我的意念起个名字的话，我会叫它"惩罚者"。我甚至都能在我脑瓜顶儿上构想出个标志来：

> 小心！
> "惩罚者"在工作。

发现问题机器过度活跃

你能明白山姆的发现问题机器是怎样过度活跃的吗？它不能停下来不发现问题。他的意念在不停地搜寻他不正常的地方，搜寻他的意念和身体内的问题。

可能有时你也有过这样的感受。要扭转这个局面，使你的意念为你服务，而不是适得其反，那就需要引入正念勇士的静观技巧。这意味着要关注你的意念机器何时开始过度活跃，一当发现，就讲出来。你甚至可以就像山姆一样，给你的意念起个名字，对你自己说些类似于这样的话："啊，'惩罚者'出现了！它正绞尽脑汁试着发现并解决我的问题呢。"

如果这听起来有些怪异——或许甚至不可能——别担心。静观你意念的运作需要实践，没有人马上就会。为了给你一些实践的机会，并帮你了解你的意念在发现问题方面如何聪明，这里给你另一个练习。

练习：注意问题发现者

在这个练习中，你要做的就是练习静观。现在，我们不会解释其所以然或者可能发生什么。只管尽可能地跟随指令，然后让你的意念自己工作。所有你要做的，就是读出随后的说法，闭上你的眼睛，默默对自己说出这个说法，然后请注意你意念的反应。准备好了吗？下面就是这个说法：

我是个讨人喜欢的人。

关于这一点你的意念说了什么？它评判这个说法"对"还是"错"？可能它有反对这个说法的想法，或者它在揣测为什么要读它。保持耐心，继续读下去。

这里又有一个说法。再读一次。闭上眼睛，默默对自己说，然后注意你意念的反应：

我是个惹人喜爱的人。

就这个说法你的意念有什么要说的吗？它批评或者给这个想法挑刺儿了吗？

继续读接下来的说法，闭上你的眼睛，默默地对自己说，再次注意关于这个说法你的意念有没有任何别的想法或者反应：

我是个没有缺点的人。

你的意念觉得这个怎么样？这个时候，你可能准备好想知道为什么我们要你读它了。就像我们说的，意念是存在陷阱的。不要担心或者试着改变你的意念在做的事。记住，你这儿要做的，仅仅只是观察。

准备好了吗？这是你对自己说出的最后一个说法。

我太完美了。

你注意到你的意念这次在做什么吗?

这么来看意念,一开始你会觉得相当奇怪。有时看看其他人的意念如何处理这种任务会更简单。所以,让我们来看看杰丝是如何做这个练习的。然后,我们来解释这一切是怎么回事。

● 杰丝: 注意问题发现者

我是个讨人喜欢的人。

这是个好傻的练习。如果我讨人喜欢的话,我就不会总是感到必须避开别人。我不明白为什么有人会认为让我读这样的说法是个好点子。可能是他们想让我相信这是在说我?那是不可能的啊!

我是个惹人喜爱的人。

我猜我可能惹一些人爱吧。但老实说,这又是一个傻帽儿句子。我要是惹人喜爱的话,那为什么我最好的朋友恨我呢?

我是个没有缺点的人。

哎,这也太荒唐了。我都不去我朋友的家和商场。我逃避任何困难。我的朋友恨我。我怎么可能没有缺点呢?

我太完美了。

好像这是真的一样。我显然不完美。我老是说错话——或者脑袋短路根本不知道说什么才好。如果我完美的话,我就不会弄得一团糟了。

问题，问题，到处都是问题

杰丝意念的反应和我们接触过的许多人丝毫不差。意念直接想要弄清这些说法与她对自己的看法是否吻合。是的，这是对的：意念会工作，它要发现貌似好的事物存在的问题。

你呢？你观察到你的意念与杰丝有相似的想法吗？

许多做过这一练习的人都说他们注意到他们的意念在与这些说法相对抗。他们注意到有的想法，比如说：不，我显然不完美。我要是完美的话，我就不会感到这么糟糕了。或者甚至是这样的：这个傻帽儿练习到底想说明什么呢？如果这听起来像是你的表现，那么这里便是其原因：你的问题发现机器正在做它的本职工作。它正在吸收信息，发现问题，尝试解决，并弄清楚其中的目的。你的意念对待它的工作可是很严肃的。

这里还有另一个问题：你的意念发现了任何隐蔽的把戏吗？

我们再来看看这个练习的指令。"所有你要做的，就是读出随后的说法，闭上你的眼睛，默默对自己说出这个说法，然后请注意你意念的反应。"没有指令说你应该相信那些说法。我们并没有请你决定你是否讨人喜欢、惹人爱、没有缺点或者完美。我们只是请你读出每个说法并观察你的意念如何反应。

值得注意的是，发现问题机器总是在寻找问题——哪怕是你没有问题的时候。事实上，你的意念对于发现问题方面相当的严肃。这包括英语中最小的单词之一"I"（我）。无论什么时候，只要单词"I"出现，你的意念都会做出很多评价和批评。

总 结

在本章，你学到了你的意念是个问题发现机器。它的意图是好的：它想帮你生存。因为这是重要的工作，所以它非常努力地保持着控制，并为你解决所有的事情。它的工作描述分为两部分：

◎ **发现问题**：意念总是在不断搜寻着可能会伤害你的事物。有时它会工作到失去理智的程度。

◎ **解决问题**：意念会尝试解决每一个问题，而它也容易在这里走火入魔。

意念相当善于解决外部世界的问题。然而，意念机器在将你的思想感受变为要解决的问题方面却并不尽如人意。有时它甚至将你本身当作问题，并尝试解决你的毛病或为什么你不"足够好"。

你的意念是这个星球上最强大的武器。但是，你是这台机器的最终运行者。正念勇士的技巧会帮你通过在活动中静观来了解它。而一旦你可以静观它，你就可以更容易选择是否倾听它。而事实是，你不必总是倾听它。这看起来很酷，对吧？

第八章
不要接过意念的评判

无畏勇士技巧	
深呼吸并放松	
静观	√
倾听你的价值观	√
决定并采取行动	√

世界上大多数的伟业都是由那些看起来根本无望的时候仍然坚持尝试的人完成的。

——戴尔·卡耐基

在前一章中，你学到了静观你的意念，以及把意念视为一部机器，它的工作令人难以置信，就是发现和尝试解决问题。在本章，我们将更深地进入意念之内，并静观其最诡秘的所在。我们将特别聚焦于它是如何不断评价事物，以及不断试图使你相信其评价的正确性。好消息是，即使意念有时招数迭出，通过练习，你仍可以留意到这一点，并学会如何进行有效回应——如何决定并采取行动——哪怕是你的意念的评价正在走火入魔之时。

意念是个评价者

正如你现在所知道的，意念总是不断搜寻着潜在的问题。意念还有另一个你需要了解的重要方面。它对什么是"好"和"坏"有着许多想法，它倾向于认为你总是对的，而其他人则通常是错的。当意念真正运作时，它会创造出无数令人非常信服的信息。接下来的练习会帮助你了解到它是如何有说服力——以及它的评价有时又是多么不可靠。

练习：静观评价

想象一下，你遇到一个叫乔丹的女孩子，并和她成了朋友。（如果你是个男孩子的话，你可能会发现把你的新朋友也想象成个男孩，这个练习就会简单点儿。）你喜欢乔丹，和她在一起你很开心。大部分的闲暇时间你都想和她在一块儿。你喜欢她的说话方式、她穿的衣服、她读的书……事实上，关于乔丹你没多少不喜欢的事。你不能想象和她生气——根本不能。看看下面的友谊计量仪，并在每条线的相应位置写上 X 来表明你对以下问题的回答。

乔丹现在看起来有多友好？

友好 ←——————————————————→ 不友好

你可能怎样对待乔丹？

友好 ←——————————————————→ 不友好

你还有另一个朋友，名叫艾丽西娅。她不像你那样喜欢乔丹。她开始说些关于乔丹的挑剔之辞，比如，"你注意到她的声音有多讨厌了吗？"以及，"你看见她和男孩子们打情骂俏了吗？"。后来艾丽西娅说了句很严重的话："乔丹表现得好像她比你酷多了！"（重申一遍，如果你是个男孩子的话，你可能需要把乔丹想象成是个男孩子。）

你对乔丹的行为和你们友谊的看法会有什么变化吗？再评估一下你的感受。在下面友谊计量仪的相应位置写上 X。

在你听到负面的流言蜚语后，乔丹看起来有多友好？

友好 ◄──────────────────────► 不友好

你现在可能怎样对待乔丹？

友好 ◄──────────────────────► 不友好

这里正是你的意念暗中作祟的地方。不知不觉间，它可能就开始用负面的眼光评价乔丹了。你可能甚至开始"发现"乔丹身上有如此多令人生厌的缺点，你都会奇怪当初自己居然和她成了朋友。但是请注意，你从来都没有直接经历过乔丹做的任何错事，她没有直接对你刻薄过。对于乔丹新的看法来自于艾丽西娅的观点和言辞。这些观点和言辞歪曲了你自己的想法，使你的意念想弄清楚乔丹是否真如艾丽西娅所想的那么讨厌，并想弄明白喜欢乔丹是否是个错误。

很有可能你的意念变得相当有说服力，它使你确信乔丹有很多问题。尽管一开始你的意念把她视为你永远最要好的朋友。而现在，它却看她非常讨厌。你都难以忍受与她同处一室。

你看，你的意念总是在评价其他人，并尝试着给你关于他们的建议。有时这些建议是有帮助的，它可能会使你建立友谊或引导你避开对你真正不好的人。但有时，它却并非这么有帮助，比如它可能会使你在没有敌人时看到敌人。

走出 心灵 的误区

意念喜欢讲故事

　　意念会做的另一件令人惊讶的事是编故事——通常是关于你和你生活的故事。又因为意念也是个评价者，所以这些故事常常就会包含许多关于你是哪类人的信息——但这些信息未必都是真的。

　　通常的情形是，我们更容易在其他人身上看到这种事的发生。所以，我们马上会让你观察到杰丝的意念是如何创作她生活的故事的。杰丝已经17岁了，这意味着她生活了几乎150000个小时。为了有助于处理细节并使信息可用，她的意念要把所有这些小时都浓缩成一个简短而合理的故事，几乎像是你在新闻里听到的那些摘要播放内容。

　　为了让你理解这一点是如何运作的，这里有两个杰丝讲述的她自己的故事。第一个是本学年开始时，她在英语课上做自我介绍时说的内容。第二个是她已经决定开通的博客中要写的第一条博文。在英语课上做自我介绍时，她悄悄地嘟囔说："又是一年，又是一个傻乎乎的'自我介绍'课。哎！"

● **杰丝在英语课上做自我介绍**

　　我是杰丝。今年17岁。我和我的两个兄弟还有妈妈住在一起。我喜欢音乐。我不大喜欢英语课。但我的确热爱阅读。我最喜欢的书是侦探小说和悬疑小说。

　　在这个时候，杰丝的意念说："不！我想不出其他要说的。我真的好失败。快点儿！坐下！"

● **杰丝开始写博客**

亲爱的世界：

　　我认为我应该介绍一下自己。我叫杰丝。今年17岁。我喜爱音乐。

我曾经有过美好的生活。我曾经有很要好的朋友。但现在，我没有任何能信任的朋友了。

自从上高中以来，一切就变得不同以前了。在那之前，我爱上学。我四年都有相同的朋友。老师也比高中的好。我六年级的老师约翰逊先生人特别有趣，对我也很友好。他一定是喜欢我身上的有些东西。他总是给我比较难的数学题做。他认为我擅长数学。他也会在我的学年手册上写非常好的评语。

现在一切都乱成了一团麻。我不喜欢上学。我也失去了朋友。这是我人生中最糟糕的日子——没有朋友。想起上学来就心生厌倦。

以上两个故事中，有一个能完整地说明杰丝是什么样的人吗？当然不能。杰丝仅仅回忆了最近的一些事儿，而且大多数事都是和新近的有关。她的意念已经缩短了她人生的故事，把所有将近150000个小时的人生转化成了小块易于了解的文字。无论是在新班上做自我介绍，还是在博客上写自己的故事，这都似乎无关紧要。她的意念"帮"她过分简单地描述了一下自己。因为杰丝很担心，所以她的意念也通过鼓励她仓促完成更有挑战性的任务来"帮"她，比如在班上介绍自己。

练习：静观你自己的讲故事机器

你的意念给你讲了关于你的哪种故事？它是试图只用几个单词或几句话来描

述你吗？比如：我胖或者我笨。

要是总结莎士比亚的一部戏或描述三角形的定律之类，这种信息的浓缩方式是有用的。但你的一生绝不可能只用几个字来概括，因为有数以亿计的信息——经历、思想、感受和品质——才构成了真正的你。

为了帮你去静观意念是如何走捷径描述你的，我们看看接下来的列表，其中包含一些意念喜欢扔给人们的常见想法。勾出任何你的意念有时会递给你的评价：

- ☐ 我是个一无是处的人。
- ☐ 我没什么可自豪的。
- ☐ 没有人喜欢我。
- ☐ 我是个骗子。
- ☐ 我不好。
- ☐ 我丑陋。
- ☐ 我让人恶心。
- ☐ 我受过伤。
- ☐ 我没用。
- ☐ 我很不起眼。
- ☐ 我受不了自己。
- ☐ 我不行。
- ☐ 没有人爱我。
- ☐ 我没什么了不起。
- ☐ 我没有价值。
- ☐ 我让人失望。
- ☐ 我破碎不堪。
- ☐ 我有病。
- ☐ 我让人感到无趣。
- ☐ 我没有归属感。

如果你勾选了这些说法中的一些，你绝对不是个别现象，每个人都会用类似这些说法来批评自己。每个人都有一个问题发现的意念，且似乎我们的意念最爱做的事便是评估我们本身。意念喜欢看着你，为了发现和别人相比你身上是否存在需要解决的问题。它会问，我足够好吗？我不对劲儿吗？别人能看到我的缺陷吗？

练习：评估"坏的"杯子

这儿有个奇怪的练习。它能帮你关注真实的你和意念所讲述的你之间的不同。要做这个练习，你需要一个杯子。任何杯子都行。但如果你有个最喜欢的杯子，那就再好不过了。

把杯子放在你面前，用你的意念说些关于它的评价、论断之类的话。（我们说过这是个奇怪的练习。）

用你的意念好好暴打一顿这个杯子。用各种方式评价一下这杯子是坏的、没用的、丑陋的甚至愚蠢的。花一会儿时间让你的意念评估这个杯子，辱骂它，并发现任何它有毛病的地方。

现在再看看这个杯子。在你所有凌辱之后，杯子有所改变吗？或者它还是一如既往保持着原来的样子？

很明显，它没有改变。所以，无论你的意念说了它什么，杯子还是保持原样。

对你来说也一样。你的意念关于你所说的，也不会改变你真正是谁。

意念很狡猾。它会设法让你相信杯子有"不好"，或者你有"不好"。它会设法让你确信"不好"是真正存在的，如同你腹部扎着的一把刀。

你的意念劝服你相信事情不好的把戏正如这个坏杯子练习和艾丽西娅与乔丹的例子一样。你意念所评估的事物不会改变。杯子保持着原样。乔丹保持着原样。所改变的，是你对事物的看法。有时这会发生得如此隐秘，你甚至不会注意到是怎么回事。如果你的意念过度活跃，它能使你相信天使是魔鬼而魔鬼是天使。它可以使你的朋友似乎不友好，即便他们压根儿没有任何改变。它也能让你认为你有缺陷，即使你根本没犯过任何错误。

绝不要在意你的意念

你怎么看透这些招数呢？关键在于练习静观并决定该倾听什么。如果你静观运作中的意念，你就可以捕捉到它尝试劝服你的进程。静观会给你真正有价值的东西：注意你的意念在运作的能力，选择如何面对那些评价的能力，以及选择是否按其行动的能力。

失念的战斗者相信他的意念的所有评价，并遵循其全部建议，而不论这些建议是否有所帮助。他们看不到自己能有选择。当他们的意念说"你不能做"或"你不够好"时，失念的战斗者会相信并停止尝试——即使对他们来说所做的是真正重要的事情。

正念勇士会学着放缓速度，静观运作中的意念机器，并警惕其评价。他们会学习倾听自己的价值观，而后基于对他们重要的事情做出决定。（我们会在后面的章节中大量谈论价值观。）如果他们认定意念的建议会帮他们获得更多对他们来说重要的事物，那么他们听从这个建议。而当意念的建议没有帮助时，他们会在那一刻简单明了地对自己说一句话："绝不要在意我的意念。"

练习：学习不要在意你的意念

正如我们说过的，意念极其先进。于是理所当然，我们会容易认为它无懈可击。要说"绝不在意我的意念"实在很不容易。为了帮你在这方面有所练习，请看下面的表格，并决定在每个情形下你会做什么。读过每行，然后在最右列中，圈出当你倾听你的价值观时，会选择做什么。

静观你的意念说什么	当你倾听你的意念时，静观你做什么	倾听你的价值观（你在乎什么）	决定做什么
我学数学不可能有长进。	放弃或少做。	从我自身水平开始学习，并尽我个人最大努力。	选项1：倾听我的意念。放弃。 选项2：绝不在意我的意念。
如果我不打这个孩子，我就是懦弱无用的软骨头。	打某人。	和人好好相处并赢得他们的尊重。	选项1：倾听我的意念。打人。 选项2：绝不在意我的意念。
我不讨人喜爱。	避免邀请别人一起出去。	发展重要的关系。	选项1：倾听我的意念。避免。 选项2：绝不在意我的意念。

和通常一样，答案没有对或错。决定权在你。但正如你可能猜到的，我们认为在所有这些案例中，你最好学会说"绝不在意我的意念"，并选择争取你所想要的。

选择不要听从意念机器

这里有几句警告：如果你选择绝不在意你的意念，你的意念可能就会真真正正地运作起来。它可能会超速运转，以企图改变你的想法。别让这一点摆布了你。即便你的意念机器运作得走火入魔，你仍能够选择去做对你来说重要的事。不相信吗？试一试。对你自己说："我翻不过这本书的这一页。"重复几次，并使自己确定你确确实实相信它："我翻不过这本书的这一页。"然后翻过这一页（但是要再回这儿继续读下去）。

即使你的想法说你不能的时候，你能翻过这一页吗？

可能这个想法的实验显得太过简单，所以这里还有另一个方式来思考它。你记不记得有好几回，即使你的意念认为你不能做到时，你却仍然做过些难做之事？你有过虽然心存怀疑，但还是做了你想做的事情吗？你可以在心灰意冷时仍然行动，比如感觉很累，你仍然能锻炼身体。

事实上，你可能已经在很多情况下说过"绝不在意我的意念"了。以下便是些例子：

◎ 可能你的意念正设法劝你做卑劣的事，比如打骂别人，但你没有做。
◎ 也许你的意念在告诉你做某事可能失败，但你却无论如何都在争取成功。
◎ 可能你的意念在跟你说你太累了或者感到太乏味了，不能再做某事了，但你还是做了。

做到"绝不在意你的意念"最有效的方法之一，就是说出你正有什么样的想法。虽然这有几分奇怪，但却很有用。当你有个困难的想法时，试试在这个想法前面加上这两个短语中的一个，然后再说一遍：

◎ "我正有个想法，那就是……"
◎ "意念，谢谢你告诉我……"

比如你可能会说："我正有个想法，那就是，我是个失败者。"或者"意念，谢谢你告诉我，我的数学课可能会挂掉。"

变个法子述说你的想法，其用意在于帮你开始注意你运作中的意念机器，因为你关不掉你的意念——即使你有时真的很想这么做。毕竟，意念是台不停歇运行的问题发现机器。而这大多数时候是件好事，因为它能帮助你生存。当你"绝不在意你的意念"时，你就会选择是否依照既定想法而行动。要时常这么想想：没有想法能够使你的行动和价值观前后不一致。

总　结

到现在，有些东西应该很清楚了：

◎ **意念是个靠不住的建议者。**所以，作为一位正念勇士，你不必总是按照它给的每个建议行动。

◎ **意念会给你讲关于你自己的故事。**它会把所有曾经发生在你身上的事浓缩成小块的文字。这些摘要的节录不是真正的你，它们是文字编织而成的故事。

◎ **意念会用其评价来歪曲这个世界。**它能将事物由好变坏、由坏变好，但这些事物往往没有改变。只不过你的意念劝服你说它们已然改变。

◎ **意念令人信服。**它会付出很多努力，使你相信所有它所创造的事物。它想让你认为它的故事和评价是百分百的真实，而你应该听从它们。

结论是什么呢？那就是你关不掉你的意念，但是你却可以决定你是否必须总是听从它给你的建议。

第九章

发展明智视角

无畏勇士技巧	
深呼吸并放松	√
静观	√
倾听你的价值观	√
决定并采取行动	√

你就是你想成为的那个人。何必依然苦寻？你本身就是一个奇妙的存在。整个宇宙合起来才使你的存在成为可能。没有什么不是你。天国、净土、涅槃、幸福和释放皆是你。

——一行禅师

到目前为止，我们一直在帮你静观内心的战斗。你已经学会了使用呼吸来使当下的自己内心平静。你也已经学会了与感受和睦共处而非与其争斗，还有与意念机器和谐相处，而不必相信它的故事或听从它的建议。你几乎已经准备好步入本书的第三部分了。在这一部分，我们会帮你发现并引领你过自己想要的生活，并用你的价值观带领你一路前行。

不要自我设限

在开始奔向你的价值观的旅途之前，你需要回答一个重要的问题：你觉得你有哪些局限？你觉得你不能做什么？在本书第三部分，我们将请你大胆设想——去真正追寻一个非凡的人生。但是首先，我们必须确保你不会接受自己有局限的想法。

你的意念会想方设法劝服你不能做某些事情。所有的人类意念——你的、我们的、你父母的——有时都会产生消极的自我评价，比如"愚蠢""无能""古怪""不惹人爱""没用""没救""懦弱"或者"没有价值"。

你如何对待这些自我设限的想法呢？第一步，就是要发现"明智视角"：从这个视角出发，你就能够将你的想法视为目前的事件而非不变的事实。明智视角只是另一个静观技巧，正如你在本书中一直练习的技巧一样。它会给你一种获得你人生视角的方式。随着你阅读本章内容，我们将提供给你几个发展这一视角的方法。

练习：一睹"明智视角"

还记得意念是怎样喜欢编造故事的吗？——尤其是关于你的故事。故事的一个问题在于，它们可以导致你相信你的身份与个性一成不变，不可能发展成其他样子。举个例子，如果你相信有个故事说你不可爱，你可能也会相信你要努力寻求爱。如果你相信了这个故事，真的照着它去行动，这个故事可能真的会一语成谶。

这个练习会帮你看到自我设限的故事只是一些时隐时现的想法，它们不会久存，它们也决定不了你是谁。正如所有人类一样，你一直都在改变和进化之中。你能够选择在每一时刻自己要做什么，也可以选择你要变成谁。而你会变成谁则取决于你在世上的所作所为。

为了帮你看到你和关于你自己的故事总是在变化之中，在这个练习中，你要回忆在你生命的艰难时期发生的特定事件，甚至向前思考并畅想你的未来。

大约 7 岁

你记得的一个特定事件：_____

_____

你的身体当时是什么样子？_____

_____

你那时有什么感受？_____

_____

你当时在想什么？_____

_____

大约 12 岁

你记得的一个特定事件：_____

_____

走出 心灵 的误区

你的身体当时是什么样子？_____

_____

你那时有什么感受？_____

_____

你当时在想什么？_____

_____

你现在的年龄

最近发生的一个特定的事件：_____

_____

你的身体当时是什么样子？_____

_____

你那时有什么感受？_____

_____

你当时在想什么？_____

_____

大约 35 岁

这是练习的最后部分，我们要你试着想想你 35 岁时可能的样子。看看你能否大胆想象一下你自己，即使你并不真知道那时会怎样。

可能发生在你身上的一件事：_____

_____

你的身体会是什么样子？_____

_____

那时你可能会有什么感受？_____

_____

你可能会有什么样的想法？_____

_____

想想这四个年龄，然后回答这个问题：随着你生活的脚步，你的哪一部分始终如一？_____

这貌似是个简单的问题，但其实回答起来真的很难，所以我们会帮你注意到什么并没有保持不变。

身体：你 7 岁和 35 岁时的身体不会一样。

感受：你在 7 岁和 35 岁时的感受不会一样。拿悲伤举个例子，35 岁时，你会有一种成人的悲伤，而不会是一个小孩子的悲伤。

想法：这个更容易。你知道你作为 35 岁成人的想法一定不会是你 7 岁时的想法。你大概不会说你想在儿童沙盒里玩一会儿。

那么，有什么始终如一呢？是你！

许多事物可能会变，但你永远都在这里。"你"不仅仅是你的身体。"你"不仅仅是你的感受。"你"不仅仅是你的想法。"你"是那个知道并能够看到你的身体、感受和想法的静观者。这就是所谓的"明智视角"。

内心的静观者

当你的目光跨越多年，你就会看到万物一直都在改变。只有你依然故我，能够静观改变的万物。这听起来可能有些奇怪，但你所体验到的那个始终如一的事物就是你，那个了解过你的世界的你，那个移动过你的身体的你，那个有所感的你，和那个有所思的你。你甚至能够想象20年后你可能会思考和感受什么。

很奇怪，不是吗？即使这对所有地方的所有人都是事实，许多人却并不会运用这一能力来退后一步静观他们自己。一旦你学会了明智视角，你就不会这么快相信意念告诉你的故事，尤其是告诉你不能做什么事的故事。它会帮你看到"你"的存在以及关于你和你是谁的故事。有了这种明智视角，即使故事改变了，你核心的自我却仍会始终如一。

有时你的意念会给你讲你如何坏、古怪或者不够好的故事。你可能想相信它们。比如你也许会想："我的确很怪。"发现问题的意念善于使你专注在自己的局限上。但是请记住：你能够把这些故事展开来看，其中有一个"你"，还有很多故事。你超过了你想象中的自己。

练习：预测未来

为了说明这个观点，请看下图，并在下面的空白处描述你认为它是什么。编

第二部分　内在的战斗

一个关于它的故事并写下来。完成后请接着往下读。

上面的图片是一棵枫树的种子。

现在想象一下那颗种子变成了下图中的这棵树。

走出 心灵 的误区

好好想象一下。在第一个图片或者你的故事中,有没有任何迹象告诉过你那个东西会变成一棵美丽的树呢?也许你早已知道它是一棵树的种子,但为了这个练习的目的,假设你并不知道。枫树种子看着根本就不像枫树。它那么小,灰不溜秋,看起来一碰就碎。如果你不了解枫树种子,你的意念不会看到这颗种子就想象它会变成一棵大树。与此类似,你的意念也不能看到你就想象得到你将来会变成什么样子。

练习:试用明智视角

这儿有另一种使用明智视角的方式。在这个练习里,你将在三个不同的思考种类之间快速切换。

1. 首先，微笑并想象真正积极的事情——可能是，成功做到了某件对你来说重要的事，和朋友相处很开心，或者和宠物玩得很高兴。制造些积极的想法。

2. 接着，作生气状。想象那些使你抓狂的事——比如，有人对你或朋友不公平。制造些生气的想法。

3. 最后，改成悲伤的表情，想象使你难过的事——可能是，失去了对你重要的人或物，或者错过了做你在乎的事。制造些伤心的想法。

注意你是怎样三次改变你的想法，而你内心深处却保持不变的。你就在那里，静静地观察，关注着改变中的想法和感受。这就是我们所谓的明智视角。

有了明智视角，你就能够注视自我怀疑的来来去去。你不必去改变它们。运用这样的视角就像发现了自由。

练习：有想法 VS 是想法所说的样子

这儿有个练习。它会帮你把你自己和你的想法分开来看待。浏览下面的评价列表，并勾选出任何关于你自己有时会相信的想法。

☐ 懒惰	☐ 愚蠢	☐ 一无是处	☐ 懦弱
☐ 喜怒无常	☐ 不可爱	☐ 古怪	☐ 易冲动
☐ 没有热情	☐ 不给力	☐ 不胜任	☐ 不值得
☐ 脆弱	☐ 坏的	☐ 卑鄙	☐ 不可救药
☐ 没有安全感	☐ 不完美	☐ 异类	☐ 可怜
☐ 丑陋	☐ 有创伤	☐ 无能	☐ 没有价值
☐ 可憎	☐ 有缺陷	☐ 让人恶心	☐ 平庸
☐ 没用			

像大多数人一样，你很可能有一些从列表上勾选出的东西。现在我们将给你展示如何运用明智视角来面对这些想法。从明智视角来看，所有我们要做的就是关注有想法和是想法所说的样子之间的不同。首先，选一个你勾选到的评价放到下面的空白处。

1. 我 _____。

2. 我有个想法，那就是，我 _____。

3. 使用明智视角，我明白了：我有这些想法，我不必就是这些想法所说的样子，我也注意到了明智视角的想法更容易出现。

4. 这个想法不一定要阻止我做对我重要的事。

举个例子。看看你是否注意得到，当你觉得你就是想法所说的样子（我让人恶心）时，要比你看起来仅是有此想法时显得严重得多。

1. 我让人恶心。

2. 我有个想法，那就是，我让人恶心。

3. 使用明智视角，我明白了：我有这个想法，我不必就是这个想法所说的样子。我注意到明智视角的想法更容易出现。

4. 这个想法不一定要阻止我做对我重要的事。

这是个简单的练习，它可以帮你关注你有这样的想法而你本身却不是这个想法所说的样子。你不需要成为你所想的那样。毕竟，你有各种各样的想法：好的、丑的以及无关紧要的。想象自己是个玻璃杯子。有时杯子里盛的是难喝的饮料——也许苦得像药。其他的时候盛的是美味的饮料。无论哪种情况下杯子都不会改变。与此同理，你所盛的是你所有积极和消极的评价，还有你所有其他正面、负面的想法和感受。你是这个杯子，不是杯中所盛之物。静观一切的你不会发生改变。

第二部分 内在的战斗

明智视角和对你自己的友善

人类的意念倾向于消极。这是因为人类对于发现问题的关注帮助我们的物种得以生存和壮大。即使是意念最消极的时候，明智视角也会允许你选择如何行动。明智视角也给你提供机会去做完全积极的事情：练习对自己的友善。你可以带着慈悲心，把自己视为一位经受着痛苦挣扎并有权赢得爱和成功的人。

许多人都害怕对自己友善。他们担心如果对自己好一些，他们就会失控或者让自己的缺陷显露无遗。

练习：发现你是否害怕对自己好一些

阅读下面的想法，并勾出任何你相信的：

☐ 如果我对自己好的话，我就会懦弱并失去自我控制。
☐ 如果我接受我的缺点，我就会变得缺点更多。
☐ 对自己苛刻会帮助我隐藏自己的缺点。
☐ 我不值得对自己好。
☐ 如果我不自我批评，我就会失去积极性。
☐ 如果我不自我批评，其他人就不会喜欢我。
☐ 为了人生成功，我必须对自己狠点。

如果你勾选了其中一些方格，其实你并不孤单。许多人都害怕善待他们自己，并认为放松警惕就会导致问题。

然而，这些观念大错特错。事实是，对自己友善的人在压力之下其实更擅长调整和适应。他们也能够更加自律。这一点值得强调：自我同情常常与更多的力量相关，而非更少。

那么这到底是怎么回事呢？为什么自我同情会与力量相关呢？

请把你内在的批评者想象成一位不友好的老师。想象这位老师在用各种脏话骂你，根本不尊重你。你会因为这个老师而好好学习吗？我们深表怀疑。与此相似，当你的意念对你不友好时，它也不容易激发你付出最大努力的积极性。所以，如果你无法用对自己狠点和自我批评的方法来激励自己的话，也许自我同情值得一试。

练习：练习明智视角和自我同情

这个练习能帮你使用明智视角和自我同情来对付自我怀疑。它基于以前的练习，并在本书中第一次把所有的无畏勇士技巧结合在了一起。

要做这个练习，请先选出你在练习"有想法 VS 是想法所说的样子"中勾选出的一个自我批评。就是选出你有时会相信的一条，然后把这个自我批评用在下面的过程中。

1. **深呼吸并放松**。吸气（说：进、2、3），然后呼气（说：出、2、3）几次。

2. **静观**。"我正有个想法，那就是，我 ＿＿＿＿＿＿＿＿＿＿＿＿（插入自我批评）。我在静观。我正有个想法，那就是，我 ＿＿＿＿＿＿＿＿＿＿＿＿（自我批评）。"

3. **倾听你的价值观**。你重视对自我的友善吗？（希望你会。每个人都值得自我同情。）如果你重视，那就倾听那个价值观。

4. **决定以怎样对自己友善的方式行动，并付诸实施。**

你可能不明白怎样以对自己友善的方式行动。如果你不明白，那就想象你会和一位挣扎于自我怀疑中的亲密朋友说些什么。

第二部分　内在的战斗

你会和朋友说什么友善的言辞吗？现在，你自己悄悄地说一下那些话。

你可能付出什么样的行动来安慰或恢复朋友的信心呢？现在，想象一下做那些事。

现在，困难的部分来了。你愿意像对待朋友一样对待自己吗？你愿意对自己友善一些吗？

想象对自己友善只是个开始，但我们要你在实际生活中每天都对自己更友善。当你对自己苛刻时，你对自己能说些什么友善的话吗？

_____

_____

_____

同样，花时间写一些你对自己挑剔时能为自己做的友善的事。比如，和支持你的朋友聊聊天、听听音乐、洗个泡泡浴或者做点开心的事，这些事可能都会有所帮助。这些活动能够帮你跳出你的意念并融入你的生活。

_____

_____

_____

我们来看看山姆做这个练习的时候，这些如何应用在他身上。但在你往下阅读之前，我们有个问题：从你对山姆的了解来看，你觉得自我同情对他来说会很困难吗？

● 山姆：尝试自我同情

因为我已经开始练习静观技巧，我已经注意到我的意念满是自我批评。我总是对自己说些诸如"我恨我自己，我脾气很坏"之类的话。我好像根本就没做过任何对的事。我是有问题，可我却改不了。

但现在我感觉有些不同了。我知道这是问题发现的意念在运作。当我倾听自己的意念在说什么，我才意识到我真的是在虐待自己。幸运的是，我现在注意到它了。

通常我都会表现得很生气，来使自己从自我感觉不好的坏情绪中转移出来。但是因为这一招好像不是那么好使，我打算试试这个古怪的"明智视角"练习。

1. **深呼吸并放松**。好的，我要深深地、慢慢地呼吸几次。

2. **静观**。我正有个想法，那就是，我有问题。我注意到我的意念在忙着刻薄我自己——正在担当"惩罚者"的角色。

3. **倾听你的价值观**。哦，我真的只想待在溜冰公园。所以我想，这意味着我的确想做些对自己好的事。

4. **决定以怎样对自己友善的方式行动，并付诸实施**。好，我要去溜冰公园了。如果我注意到"惩罚者"在工作的话，我就会说："我正有个想法，那就是，我有问题。"然后不管怎样，我还是去玩滑板。

现在我得好好想想，当我自我批评时，我可以为自己做哪些友善的事。我不太确信，但这儿倒有几件事我可以试试：

和朋友聊天

玩吉他

听音乐

和哥哥一起看电视

我估计我也能试着说说那些事，比如说：我有个想法，那就是……（然后被困在任何刻薄的想法里。）

我开始明白这个练习不在于使那些想法消失，而是要我注意何时我被困在自己的意念之中，使用BOLD（无畏）技巧使自己脱困，并去做自己在乎的事。

练习：给自己写一封友善的信

这是最后一个练习自我同情的方式。可能听起来有些奇怪，但请继续做下去——马上。试试用自我同情的方式对待自己感觉会怎样。

这和之前的练习有几分相似。开始想象你会跟一位真正陷入挣扎和自我批评的亲密朋友说些什么。你会怎样表达对朋友的友善呢？然后给自己写一封信，对自己诉说一下你会跟朋友说的一样的事。要友善而温和。写出任何对你而言自然而正确的内容，但有一件你要考虑的事，就是告诉自己其实所有人都会自我批评，而且这是正常的。毕竟，你不想因为意念的自我批评就真的批评自己吧。

亲爱的（你的名字）＿＿＿＿＿＿＿＿＿＿

＿＿＿＿＿＿＿＿＿＿＿＿＿＿＿＿＿＿＿＿＿＿＿＿＿＿＿＿＿＿＿＿＿＿＿＿＿＿

＿＿＿＿＿＿＿＿＿＿＿＿＿＿＿＿＿＿＿＿＿＿＿＿＿＿＿＿＿＿＿＿＿＿＿＿＿＿

走出 心灵 的误区

_____

_____

_____

总　结

　　无能、懦弱、一无是处、愚蠢——这些，以及无数其他自我批评都如同变幻的天气一般时隐时现。你正像那承载着各种天气的天空。有时天气明媚，晴空万里。其他时候，它又会低沉灰暗，阴云密布。你不必让意念机器的评价来限制你。即使你的意念好像要暴打你，你仍然可以享受快乐，你依然能够选择倾听你的价值观并做对你来说重要的事情。

　　一个好的开始就是，当你自我怀疑时选择对自己友善。当你注意到你不能善待自己时，深呼吸几次，说些话，比如说："我的意念在告诉我说，我_____（消极评价）。我可以静观我的意念。明智视角让我知道我能够注视自己的想法在脑海中通过。当它们帮助我时，我可以听从它们；而当它们不能帮助我时，我能让它们走开。即使我的意念在折磨我，我也能够找到方法善待我自己。"

第三部分
活出你的方式

对于你人生的问题,你是唯一的答案。
对于你人生的难题,你是唯一的解答。

——乔·柯德尔

第十章
明白你在乎什么

无畏勇士技巧	
深呼吸并放松	
静观	
倾听你的价值观	√
决定并采取行动	

这比一切都重要：要忠实于你自己！

黑夜终是追随着白日，你也必须如此遵行不渝。

这样你便不会欺骗任何人。

——莎士比亚

"倾听你的价值观。"这到底是什么意思呢？它可能听起来有几分奇怪。你到底该怎样发现你的价值观是什么呢？如果你有所困惑，别担心——这正是本书这部分要讲到的。在这一章和接下来的三章里，我们会帮你找到你的价值观是什

走出 心灵 的误区

么。我们会帮你决定什么是支持你价值观的行动并真正行动起来。

你要为这个冒险做的所有准备就是敞开心扉和意念，并愿意追寻梦想，愿意探索和发现。

准备好了吗？让我们用一个游戏来开始吧。

练习：以数字为生

挑出六个1到10之间的数字。你可以选择同样的数字不止一次，比如：1、3、3、7、4、4。不许作弊！不要提前看后面为什么要这么做。

在这儿写下你的六个数字 ____ ____ ____ ____ ____ ____

现在你可以往后读了。

好，现在你要用这六个数字来玩个人生的游戏。你的命运会显示在下面的游戏板上。

从前面开始。首先，移动你第一个数字表示的格子数。然后移动第二个数字表示的格子数，以此类推做六次。跟着游戏板上的数目来看看你会到达哪儿——你的人生会发生什么。

第三部分　活出你的方式

由此开始 →	旅行 1	被驱逐出境 2	成功 3	骗别人 4	受人尊敬 5	失业 6	高中毕业 7
8	背负巨债 9	有钱 $ 10	讨厌自己住的地方 11	改变世界 12	坐牢 13	有创造力 14	生气 15
悲伤的晚年 16	努力工作 17	被拒绝 18	勇敢 19	退学 20	爱别人 21	做事冲动 22	坚持 23
幸福 24	讨厌你的工作 25	领导别人 26	赌博 27	生意做大 28	犯罪 29	影响别人 30	从别人受益 31
变懒 32	出名 33	贫困 34	有志向 35	偷盗 36	学习 ABC 37	面对毁灭 38	帮助别人 39
结婚 40	挪用公款 41	为和平而战 42	变成小气鬼 43	有智慧 44	上瘾 45	小心谨慎 46	被开除 47
成为隐士 48	体验美丽 49	被迫说谎 50	冒险 51	被解雇 52	幸福的晚年 53	你惹人讨厌 54	寻求真理 55
上大学 56	刻薄 57	从事政治 58	脾气暴躁 59	爱情 60	独自生活 61	玩乐 62	学业失败 63

怎么样？你最后是富有还是穷困？你发现了爱情还是成了一名隐士？你更愿意人生有所选择吗？真的？你不喜欢随意选择给你的牢狱之灾或者勇敢吗？

好，现在你可以再玩一次这个游戏。但这次你可以从游戏板上选出六个你人生中绝对想有的事。

把你的六个选择写在这儿（在本章后面我们会回来再看看它们。）

1. _____

2. _____

3. _____

4. _____

5. _____

6. _____

就现在而言，先想想许多人怎样不经认真思考对他们重要的事就度过了一生。很疯狂，不是吗——人生活得就像掷骰子。人们这么做会有各种原因，但大多数都是因为他们的意念告诉他们选择是可怕的，所以他们干脆放弃了。考虑到你已读了这么多，我们相当确信这不是你想要的生活方式。

活出你的价值观

活出你的价值观意味着倾听对你重要的事，并选择遵照实行。它是在说："我支持这样""我在乎这样"或者"我要这样做"。你需要花些功夫来弄明白你真正在乎的是什么，也需要些勇气来把你的价值观变成行动。但这是值得的。毕竟，这比任凭骰子摆布你要好得多。

我们认为，许多人都没有意识到，他们能够选择反映他们价值观的行动。当然，许多青少年抱怨他们生活中的成年人不让他们有所选择。这不是你会从我们这儿得到的建议。我们要你知道你的确有所选择，而且我们要帮你去探寻它们。这是唯一一种能让你明白活出你的价值观对你意味着什么的方式——只是对你，不是对你的父母、你的老师或你的朋友。

听起来相当不错，但我们必须提醒你几点：思考选择会带来许多不适的感觉。此外，意念也容易超速运转，并开始评价你是如何做得不够或你是怎样不配拥有友谊或爱情。到现在，你已经学到了当所有这些评估出现在你脑海中时会发生什么。这会给人相当的不适感。所以要确保运用你的正念勇士技巧。要注意思考重要事情时常常会感到不适。这时，你特别需要使用无畏勇士技巧，并一直行在对你来说重要的路上。

练习：一瞥价值观

在这个练习中，你将学着在想象的情形中决定行动。这有点儿像一个选择你的价值观的练习。因为是想象，所以我们会给你一些相当疯狂的可能。为每个问题写出尽可能多的答案。如果需要更多空间，你也可以写在另外的纸上或者你的日记里。

如果你有花不完的钱的话，你会做什么？

1. _____

_____

2. _____

_____

3. _____

_____

4. _____

_____

5. _____

_____

6. _____

_____

那会很好玩，不是吗？如果你像大部分人一样，你可能会想象自己住在带游泳池的豪宅里，拥有几辆豪车，吃遍最好的餐馆，周游全世界，反正是你想要的你都有。太棒了！

现在想象你已经买下了你想要的一切，游遍了全世界，经历了几次探险，甚至还买了座岛屿。谁知道呢？也许你都有点讨厌买东西了。接下来你打算做什么呢？比如说，你可能会帮其他需要帮助的青少年，做有创意的事，或者花很多时间和家人、朋友或者你爱的人相处。在这儿写下你有哪些想法。如果需要更多空间，你也可以写在另外的纸上或者你的日记里。

1. _____

_____

第三部分　活出你的方式

2. _____

_____

3. _____

_____

4. _____

_____

5. _____

_____

6. _____

_____

　　现在看一下你对这两个问题的答案。有钱也许很好，但你人生中所做的事比你所拥有的更为重要，对吗？

　　你对第二个问题的回答，就是你厌倦花钱之后打算做什么对揭示你的价值观大有助益。为什么你选择用你列出的事情来回应第二个问题？我们希望答案是因为它们对你来说有所意味——它们重要，并且对你来说很有价值。

走出 心灵 的误区

敢于梦想

民权领袖马丁·路德·金曾说过:"如果你失去希望,那么你会失去生命前行的动力,会失去生存的勇气,会失去战胜一切的能力。所以今天我依然有一个梦想。"我们想,大部分人——包括你——和马丁·路德·金都有很多相似的地方。大多数人都有伟大的梦想。关键在于,思考它们并运用它们来引导你人生的道路,这几乎就像是指明你人生中重要方向的指南针。

以下的练习要帮助你的正是这一点。

练习:敢于梦想

想象有个人正站在你面前——这个人真的关心你,并想知道什么是对你重要的事。想象这个人对你的观点非常感兴趣。就像你在和这个人说话一样回答下面的问题。别畏葸不前。这是个你和真正想倾听的人分享你的想法的好机会。

当你回答时,小心提防你的意念会给你坏建议。比如,它可能会说你不能实现你最大的梦想。当人们敢于梦想时,意念几乎总是会挑你的毛病。只管静观,勇敢梦想。也可以回想并考虑一下你在刚才的人生游戏中做出的六个选择。考虑它们也会帮你思考什么最重要。

如果你有一个魔杖并能改变世界,你想改变什么?简单写下你想到的前三个想法:

1. _____

_____

第三部分　活出你的方式

2. _____

_____

3. _____

_____

选出你最喜欢的想法写在这里：

_____

再想一想：良好的友谊中什么品质最重要？简单写下跳入你脑海中的前三件事：

1. _____

2. _____

3. _____

现在认真想想你认为一个朋友身上什么品质最重要并写下来：

_____

最后，如果你生命中有机会完成一些神奇的事，你会做什么？别畏葸不前：这里不设限！因为这是个梦想的练习，有多少你都可以写。如果需要更多空间，你也可以写在另外的纸上或者你的日记里。

走出 心灵 的误区

1. _____

_____

2. _____

_____

3. _____

_____

4. _____

_____

5. _____

_____

6. _____

_____

怎么样？哪怕想想这些问题都需要很多勇气。我们猜，你的意念有很多话要说。当你大胆写下你的想法时，你会感到害怕或出错，比如："我要在这个世界创造更多的爱""我要做个倾听别人的好朋友"，或者"我要成为畅销书作家"。也许你的意念给出了一些评价，它可能就在想：这个练习真是傻！或许它要说服你，你的能力根本没法实现你的梦想，它正盯着你的局限，并且在说"我绝对做不到，因为……"之类的话。这可能并不好玩，但正如你现在知道的，这很正常。你有什么想法都没事。记住，你总是可以请求明智视角，看着那些评价从你的思想中经过即可。

你可能不认为你的任何梦想有现实的基础或有实现的可能。那也没关系。我们见过的许多青少年都这么想。我们也曾这么想过。杰丝一定也一样。我们来看看当她做这个练习时发生了什么——她又是怎样使用无畏勇士技巧来应付意念的阻力的。

● 杰丝：敢于梦想

如果我有一个魔杖并能改变世界，我会做什么呢？

1. 我要阻止污染。

2. 我要使人们对彼此更好。

3. 我要终止贫困。

这些想法中，我最喜欢的是阻止污染。

至于良好的友谊中什么品质最重要，此前我最要好的朋友萨莉散布乔希和我的谣言时，我还真学到了一些东西。这儿是我的三个想法：

1. 能够彼此信任。

2. 能够一起开心大笑。

3. 互相做好事，比如帮着做作业。

这些品质中，最重要的应该是能够彼此信任。

要是我有个魔杖的话，我倒是有很多神奇的事想做，哪怕现在看来不大可能：

走出心灵的误区

1. 做个有自己饭店的厨师
2. 找到生命中的最爱并分享美好时光
3. 周游世界，体验新的文化，冒险
4. 了解全世界的美食并和朋友分享我的激情
5. 对污染提出抗议，并让政治家知道人们有多关心这一点
6. 好好吃饭，锻炼身体，使自己超级性感
7. 建立家庭（呀，这好奇怪！但我将来想那么做。）

但是，只是写这个列表时，我都能听到我的意念在运转。它告诉说我相当傻，居然会认为自己能做到这些事。别忘了，在青少年中我是个失败者，没有朋友，人生也毁了。我，厨师——哈！我将来最终的结局可能是在工厂里整天剁鱼头。事实上，有人要真能雇我就算走大运了。所以，要是我真能有这份工作，哪怕它无聊又没前途，我也得欢天喜地才行。

你知道，当我做正念勇士的事时，我就能注意到我的意念真的在加班加点。我猜这是尝试无畏勇士技巧的好机会。我要深呼吸并注意我的意念在说什么。

接下来要做的是静观。我能看到意念在给我发现问题（我是个笨蛋；我一无是处）。我也能看到我的意念在说服我（满足于这个没前途的工作就得了）。好的，静观得还不错。我猜是吧。

因为我真的逃不开我的意念机器（我走不了多远。哈哈哈！），我就静观那些想法，并把学过的那句话套在前边，这样能更好地观察它们。开始啦：

我正有个想法，那就是，我把我的生活给毁了。

我正有个想法，那就是，根本没什么好事会发生在我身上。

我正有个想法，那就是，我只有一个无聊又没前途的工作和生活。

我正有个想法，那就是，呀！我的意念总是在想消极的事。

第三部分　活出你的方式

　　我想我正注意明智视角的事。我就是我，我不是意念评价的那样子！

　　现在我要倾听我在乎什么——我的价值观。好，我在乎的就是，未来有份像厨师一样的工作，马上有朋友。现在要求这些就够了。

　　无畏勇士技巧的最后部分是决定并采取行动。我的决定就是实施正念勇士技巧，并运用明智视角，这样我就能看到我不是自己意念评价的那个样子。我也决定了，即使我好害怕，也要一直梦想下去。

总　结

　　学习实践你的价值观在于愿意去梦想，愿意去发现。的确，你必须付诸行动，但是起点却是要思考你的梦想，即使你不确定或者有些害怕。

走出 心灵 的误区

既然你已经通过倾听你的价值观明白了我们的意思，接下来的几章会帮你把注意力集中在对你重要的事情上，并帮你每天做得更多一些。毕竟，生活不是做梦，生活需要实干。

你的问题发现意念一直试图拦阻你的梦想。它会告诉你你的梦想太大，太宏伟，不可能实现。我们不保证你能够梦想成真。但有一件事却是确定无疑的：如果你不知道梦想为何，实现一定是空谈。敢于拥有宏伟的梦想是发现你爱什么、在乎什么和主张什么的最好途径之一。

第十一章
学会评价自己

无畏勇士技巧	
深呼吸并放松	
静观	√
倾听你的价值观	√
决定并采取行动	√

> 你曾经是谁,和你现在正在变成谁之间的旅程,正是生命之舞上演的地方。
>
> ——芭芭拉·安吉丽思

我们都是旅行者,每个人都有许多可能的人生道路。你会走哪一条呢?我们相信,最成功的道路一定在你珍视或在乎的方向之内。这一章(和接下来的两章)就建立在你在第十章学到的关于你的价值观的内容之上。

一旦知道自己在乎什么,你就可以把精力和勇气放在这些方向上。你的价值观会帮你始终专注和坚强,不致被别人左右而长久偏离航向。反过来也一样,如果不知道自己在意什么，你很可能就会漫无目的地游荡，或者容易被别人或别人的想法摆布。

这一章我们将专注于从你想怎样发展自己这个方面来帮助你确认自己的价值观。听起来有几分奇怪，但是我们还是会称它们为自我价值观。更多了解你的自我价值观会帮你完善你自己，你也可能会注意到了解和遵照自我价值观的行动会带给你更多快乐和满足。第十二章将帮你澄清你在友谊方面的价值观。第十三章将帮你澄清你关于更广阔世界的价值观。

练习：澄清自我价值观

看看下面的表格，表格中显示了一些人们常常会说对自己重要的价值观。这些都是你可能在你的人生中想要有的品质。然后，使用从0到10的数值范围（0是根本不重要，10是最重要）来评估现在对你来说每一个价值观有多么重要。我们也留出了些空白区域，你可以在其中填入其他任何对你而言特别重要的自我价值观。

```
0    1    2    3    4    5    6    7    8    9    10
不重要              比较重要                    最重要
```

重要	价值观	重要	价值观
	有勇气		学习
	有创造力		自律
	有智慧		开开心心
	有冒险精神		追求精神生活

第三部分　活出你的方式

重要	价值观	重要	价值观
	有好奇心		有吸引力
	享受美食		放松
	享受娱乐		健康

当你给所有这些潜在价值观打完分之后，花时间想想你打分最高的三个。想想你会怎样依据这些价值观生活。如果你决定并根据这些价值观来行动，你会做什么呢？最好从小事做起。比如，如果你很看重开开心心，你可能会写这样一些事："开开心心对我来说重要。我要关注每一天所有会让人开心的小窍门。比如，朋友笑时你也跟着笑，即使你都不知道为什么好笑。我会关注这样的时间。"

一个重要说明：一定要写下在人生的现阶段你即刻就想采取的行动。你的价值观将来会随着你的改变而改变。这是自然之事。但是，你现在的价值观和目标应该反映出你当下是谁。同时，要专注于你的价值观，而不是别人看重或者别人认为你应该看重的东西。

在下面的空白处，描述一下按你现在的前三个人生价值观行动会是什么样子：

1. _____

_____

2. _____

_____

3. _____

_____

● **杰丝：澄清自我价值**

　　思考自我价值观很困难。我发现哪怕只是思考一下我都得使用正念勇士技巧。开始的时候，我的意念运转急速，于是我用了几分钟深呼吸并放松。我听到我的意念说着各种刻薄的话。比如："因为你是个懦夫，勇气怎么会对你重要呢？"然后很酷的事发生了：我关注到了我意念的评估，然后干脆就想：我看见你了，意念机器。然后尽管害怕，我还是开始了价值观的练习。

　　现在我的前三个自我价值观是：有勇气、学习和有吸引力。至于要是现在我以这些方式生活的话会是什么样子，来看看吧：

1. 有勇气对我很重要，而现在这意味着给朋友打电话、评论朋友脸书上的帖子，或者是去商场而不要躲在家里。

2. 学习对我很重要。即使我通过读书和上网一直在学习，我还是想学得更多。我很喜欢做饭，所认我可以在网上浏览不同的烹饪书并实验奇特的烹饪方法。

3. 有吸引力对我来说很重要。自从萨莉散布各种关于我的谣传以来，我就一直想消失——穿着乏味的衣服，不想再出头露面。要实践这个价值观，就意味着要好好做做头发，好好打扮一下自己。这也意味着当我的评价

第三部分　活出你的方式

意念说我不好看的时候，我要让它们走开，而不是让它们消失（即使我很想那么做）。

练习：书写你的未来

是时候该有更大的想象了。在这个练习里，你将把时间从现在快进五年，并把过去五年里所发生的事写个小故事。真正运用你所有的创造力和自由思考技巧，不要畏葸不前。这个练习可能有点儿像做做样子——甚至有点儿像上课写作文——但它值得。即使像是做做样子，但历史表明，三思而后行没有一点坏处。

书写你的故事，下面提出一些要求：

1. 想象从现在算起五年之后。
2. 想象你已经按照你的前三个自我价值观行动了。
3. 写下一路走来，你的三个成功或者满意的经历。
4. 同时写出两件出了问题的事——干扰或阻挠你的事。

顺便说一下，假如需要帮助才能开始你的故事，你可以先看看杰丝做这个练习时所写的。和以往一样，如果需要更多空间，你也可以写在另外的纸上或者你的日记里。

_____

_____

_____

_____

走出 心灵 的误区

当你梦想五年以后你的生活是什么样子时，你发现了什么呢？仔细读一下你的故事，并用线划出你失败和满足的经历。是什么帮你朝着你的价值观前进的？是什么策略帮你战胜了干扰和阻挠的？

● **杰丝：书写我的未来**

嗨，我是杰丝。今年22岁。哇，我成功了！

我不敢相信我在高中时有多傻。但不光是我，我的朋友现在告诉我，他们也曾经想过、做过所有的傻事。真希望我早就知道当时不只有我是那个样子。

第三部分　活出你的方式

虽然在高中我很在乎学习，我却把大部分时间花在了躲避之前的朋友上。我当时试图让别人看不见我，这在相当程度上使我不能融入课堂。除了学校，我哪儿都想去，于是有一天我鼓起勇气问一位在超市工作的邻居，那里是否有下午课后的兼职机会。说实话，我好害怕问她，但是我一直告诉自己她只可能说是或否。她大概不会抄起棍子或任何疯狂的东西在后边追打我吧。她说有工作机会。我开始做存货管理员。有钱真好，我可以拿来买好衣服。

高中里发生的事让我很恼火，我干脆决定不再去上大学，全职在店里干活就很好。这段时间我觉得好酷，因为我学到了有一份工作是个啥感觉。这不是什么高深的学问，但我必须成为一个值得信赖的人，努力工作并学习新东西。我投入到工作上的时间越来越多。

自那以后，成为厨师的想法让我超级兴奋，于是我申请在当地的餐馆兼职工作。我向大约20个地方发出申请。一开始，我说我想在厨房工作，但最后我说我什么都愿意做：收拾桌子、拖地，什么都可以。我开始觉得自己一定是有史以来最大的失败者，因为连愿意雇我拖地的人都没有。有那么一阵子，我放弃了尝试。

我坚持练习烹饪，我做的东西每个人都爱吃，这使我继续梦想有一天成为专业厨师。我也跟别人分享我对有趣食物的热情。慢慢地我又开始到餐馆找工作并最终被雇用。就像在超市一样，我必须从小事做起，只做些基本的准备工作。后来我开始做三明治和沙拉。在那儿待了一年以后，我终于鼓起勇气告诉大厨我有一些菜单点子。他很喜欢我的菜单,实际上他用了其中一个。

想听听我的宏伟蓝图吗?今年秋天,我打算报当地社区大学的商业入门课。我还打算攒钱去上烹饪学校。

噢,我几乎忘了最开心的事之一!我有个真正懂得我尊重我的男朋友——他觉得我很漂亮。

不要放弃梦想

当你读杰丝的故事时,你可能已经注意到她真是如婴儿般蹒跚起步。一些步伐有所回报并取得了成功,比如问邻居找工作;其他步伐却使她感到失败,比如多次尝试仍然没有找到工作。重要的在于,她始终能够回到自己的价值观,学习新的技巧并鼓起勇气追寻自己的梦想。

区分价值观和目标

我们已经花了相当多时间帮你认识你的自我价值观。现在我们打算花些时间帮你了解价值观和目标的不同——帮你使用它们向前更进一步。

把遵循你的价值观想象成使用指南针西行。到底什么时候你才能到达"西方"呢?绝对不会到达。只要世界是圆的,你就一直可以向西旅行。按照你的价值观生活与此类似。下面有三个按照价值观生活的重要品质需要牢记在心:

1. 因为你的价值观反映的是你在理想中选择的生活,所以你永远不可能完全达成你的价值观。你总会有更多的生活方式和更多的选择。比如,假使你向往冒险的生活，实际上你却永远无法达到那个地步，但你会继续选择是否开始下一场冒险。

2. 失败和过失不会消除你的价值观。即使你现在不再选择冒险，你对冒险的热爱也不会减少。没有任何东西和任何人可以夺走你的价值观。

3. 你的价值观完全由你而定。你可能觉得你需要有好的理由来抱持某些价值观，或者你可能觉得你应该有某些社会或他人认为你该有的价值观。但最终，价值观是个人的，它需要反映对"你"而言重要的事。

另一个关键点是：倾听和按照你的价值观生活与完成目标不同。目标包含着具体的行动，这些行动你可以在待办事项清单上一一核对。仍以冒险举例，这是一个价值观——一个你旅途的方向；目标好似沿途的石阶；而为你的冒险价值观服务的具体目标则是来一次背包旅行或者富有挑战性的山地自行车骑行。

这里有个设置目标的简单建议：如果你的目标更具体，能写下来，并设定好完成的时间，它们就更可能完成。所以在我们的例子里，你可能要写下你的目标是，明年夏天到意大利来一趟背包旅行，或者你可能要在日历中做个标记，说明你明天会在几点骑几圈自行车。

练习：设置目标

这个练习会帮你实践一下设置目标。从这一章选择一个你愿意经常照着实行的价值观来开始。选出一个对你来说特别重要的价值观是个好主意——可能是本章前面你选择的最重要的三个价值观中的一个。

你的价值观：＿＿＿＿＿＿＿＿＿＿＿＿＿＿＿＿＿＿＿＿＿＿＿＿＿＿

现在问一下自己。我怎么才能知道我是否按照我的价值观来生活？列出三个具体的目标以及你计划实施它们的时间。记住，即使是婴儿的蹒跚脚步也是前进的脚步：

1.＿＿＿＿＿＿＿＿＿＿＿＿＿＿＿＿＿＿＿＿＿＿＿＿＿＿＿

＿＿＿＿＿＿＿＿＿＿＿＿＿＿＿＿＿＿＿＿＿＿＿＿＿＿＿＿

你实施的时间：＿＿＿＿＿＿＿＿＿＿＿＿＿＿＿＿＿＿＿＿

2.＿＿＿＿＿＿＿＿＿＿＿＿＿＿＿＿＿＿＿＿＿＿＿＿＿＿＿

＿＿＿＿＿＿＿＿＿＿＿＿＿＿＿＿＿＿＿＿＿＿＿＿＿＿＿＿

你实施的时间：＿＿＿＿＿＿＿＿＿＿＿＿＿＿＿＿＿＿＿＿

3.＿＿＿＿＿＿＿＿＿＿＿＿＿＿＿＿＿＿＿＿＿＿＿＿＿＿＿

＿＿＿＿＿＿＿＿＿＿＿＿＿＿＿＿＿＿＿＿＿＿＿＿＿＿＿＿

你实施的时间：＿＿＿＿＿＿＿＿＿＿＿＿＿＿＿＿＿＿＿＿

总　结

当你停下来想想时，你会发现我们居然要制定计划做我们在乎的事——尤其那些实现自我的事，难道这不奇怪吗？难道这不该是自然而然要做的吗？事实是，我们不做自己在乎的事会有很多原因。有时人们认为他们不值得对自己那么好。有时人们又觉得自我友好是懦弱或缺乏自律的表现。很多时候，人们过分注重"成功"或给别人留下深刻印象，却忘了照顾好自己或在一路获得快乐。

请记住价值观和目标的区别。价值观是指南针。它们会告诉你该朝哪个方向前行，它们也不致因失败而被取消，正如西不至于因偶然向东而取消一样。目标是你当下做的具体的事，它们使你知道你正在按照你的价值观生活。

第十二章
建立友谊

无畏勇士技巧	
深呼吸并放松	√
静观	√
倾听你的价值观	√
决定并采取行动	√

得到朋友的唯一途径是给人友谊。

——拉尔夫·沃尔多·爱默生

每个人都想拥有朋友并被人喜欢。建立友谊就是找到分享你的兴趣并愿意与你相处的人。尽管听起来很简单，但你可能已经发现友谊事实上却是相当的复杂。友谊一直处在变化和发展之中，这在快速成长变化中的青少年身上尤其常见。青少年的友谊常常随着学年而改变，他们最好的朋友只维持六个月的现象也并不少见。所以在高中乃至到了大学，我们都需要学习很多结交朋友的事——还有很多失去朋友的事。事实是，我们终生都要学习友谊是怎么回事。

走出心灵的误区

我们对友谊的看法会影响我们如何处理友谊中的变化和挑战。你相信不付出努力好关系就会自然而然发生吗？朋友应该一直都能享受彼此的陪伴吗？爱情应该像是在你控制之外的强大波浪将你席卷而去吗？

如果你对这些问题回答"是"的话，你相信好关系会自然而然发生。尽管有时候可能的确如此，但这却并非全部事实。我们所有人不仅需要结交朋友，而且需要维持友谊。

这一章会告诉你，你不必非要坐等友谊的眷顾。你可以使它们更容易发生，你也可以采取措施使你当下的友谊更加牢固。这一过程开始于你要想清楚一段关系中什么对你才是重要的。为了帮你做到这一点，我们用一个练习来开始。

练习：懂得什么会创造真正的友谊

当你想明白是什么创造一段好友谊时，你可能会很想观察那些很受欢迎的人。他们似乎有很多的朋友，是不是？我们来看看两个受欢迎的人。然后我们会请你来决定你是否想和他们成为朋友。

胡安妮塔很漂亮，她有很多朋友。她跟任何人都能聊——几乎是和任何人。你不会想和她有不同意见，因为她真的好八卦。所有人都知道最好跟她友善点，似乎她能决定谁最酷谁又不酷。

基于你对胡安妮塔的了解，勾选出最能反映你要否和她成为朋友的感受：

- ☐ 我很可能不想成为她的朋友。
- ☐ 在她面前我想保持中立。我可能和她成为朋友，也可能不会和她成为朋友。
- ☐ 我可能想和她成为朋友。

汤姆很擅长体育，尤其是足球。大多数女孩子都觉得他很性感。汤姆甚至说他很惹火。有传闻说他常常同时有好几个女朋友。汤姆经常打架，还总是赢。没

第三部分 活出你的方式

人敢惹他。

基于你对汤姆的了解，勾选出最能反映你要否和他成为朋友的感受：

☐ 我很可能不想成为他的朋友。

☐ 在他面前我想保持中立。我可能和他成为朋友，也可能不会和他成为朋友。

☐ 我可能想和他成为朋友。

这些案例里的青少年都很受欢迎，因为他们有江湖地位或者有影响别人的能力。你想做他们的朋友吗？如果你说不想，你并非个例。受欢迎的人并不同时受到喜爱。他们有时很刻薄。他们可能欺负或嘲笑别人，他们或许会散布甚至根本不实的谣言。他们可能用幽默取笑别人。他们可能使人害怕被排除在圈外。他们还试图控制受欢迎群体当中或者其外的某些人。

这些行为是你想从朋友身上看到的吗？这是你对待别人的方式吗？如果这些行为不能促成亲密和真诚的友谊，那什么能促成呢？

练习：想明白在友谊中什么最重要

在这个练习中，我们想请你思考你想在朋友身上看到的行为。在下面的行为列表中，勾选出五个你最想在朋友身上看到的行为：

☐ 参加派对　　　　　　　　☐ 原谅你的错误

☐ 能从你的角度看问题　　　☐ 和你有一样的活动爱好

☐ 喜欢八卦　　　　　　　　☐ 是个好的倾听者

☐ 和你有一样的音乐爱好　　☐ 擅长体育运动

☐ 让你做你自己　　　　　　☐ 有好奇心

123

☐ 说好笑的事　　　　　☐ 说话大声

☐ 友善　　　　　　　　☐ 很酷

☐ 爱犯贱　　　　　　　☐ 诚实

☐ 懂得分享　　　　　　☐ 很好玩

☐ 穿着时髦　　　　　　☐ 爱取笑人

你想在朋友身上看到的行为种类常常就是你为了吸引此类朋友需要做出的行为。比如：想要有一个让你做你自己的朋友，你就需要练习让别人做他们自己。要想让人真正倾听你，你就得练习真正倾听他们。这并不总是很容易，当你开始这样做时，你肯定会犯错误。没关系。重要的是，你要发现你对友谊的价值观，然后选择反映你的价值观的行动。

练习：澄清你在关系中的价值观

现在该探测一下你想在友谊中拥有的品质和你喜欢怎样对待他人了。请看下表，表中展示了一些人们常说的在关系中重要的价值观。当你读这个表时，思考一下你想怎样对待他人。这一章的重点是友谊，但你也可以思考一下处理与家人或你爱的人的关系时，你将如何行动。

用 0 到 10（0 根本不重要，10 最重要）来给每个价值观打分，表明每个价值观现在（就是你生命的这一刻）对你有多重要。我们也留出了些空白区域，你可以在其中填入其他任何对你而言特别重要的关系价值观。

```
0    1    2    3    4    5    6    7    8    9    10
不重要              比较重要                    最重要
```

重要	价值观	重要	价值观
	理解别人		有宽容心
	谦逊		善于沟通
	友善		友爱
	诚实		懂得接受别人
	幽默		懂得支持别人

现在花点时间想想你打分最高的三项。如果你正根据这些价值观做出决定并采取行动，你会做什么呢？比如，如果友善是你排在前面的三个价值观之一，你可能会这样写："友善对我很重要。无论何时，当我走进第一节课的课堂时，我想对别人微笑，跟他们打招呼，尤其是对我不太了解的人。"同时，不要忘记，价值观关乎的是对你真正重要的事，而不是你认为"对的"或者别人要你重视的事。

在下面的空白处，描述一下现在如果按你排在前面的三个价值观行动会是什么样子：

_____

_____

走出 心灵 的误区

_____

_____

_____

_____

内在 - 外在视角

人和人的关系可能很复杂并令人困惑。这一刻你也许觉得你有个最要好的朋友，下一刻这个朋友却连一句话也不愿和你说。你能做点什么，来给自己一个让关系持续发展的最好机会？

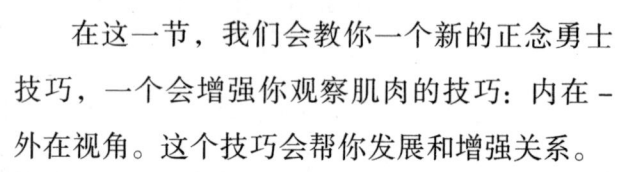

在这一节，我们会教你一个新的正念勇士技巧，一个会增强你观察肌肉的技巧：内在 - 外在视角。这个技巧会帮你发展和增强关系。

内在 - 外在视角事实上涉及几个不同的技巧。应用在你身上时，内在视角是观看所有发生在你内部的事物，如想法和感受；而外在视角是观看外部世界（就是你身体以外的世界）正在发生的事物。

其他人在你外部的世界，所以你可能想当然地以为所看到的（外在视角）是其他人内在所感受到的。但是现在，你会知道这个猜想可能会错。人，要比表面看上去复杂得多。你可

以外在很酷，而内在却没有安全感。或者你可以内心悲伤，脸上却强装笑容。要真正了解一个人，你必须思考他们的内在发生了什么。所有这些听起来都有几分难以捉摸，所以，我们来看一个例子，看看内在-外在视角如何用在建立友谊上。

还记得第三章中杰丝的故事吗？她正在派对上和乔希聊天——只是聊天，没别的。但是她最好的朋友，深深爱着乔希的萨莉看见了他们。萨莉很生气，给杰丝发了个刻薄的短信，指责她偷走了乔希。杰丝很担心，因为萨莉是个受到大家欢迎的人物——她又特别爱传闲话。第二天，杰丝去上学，她看见萨莉正在和一群女孩子聊天。见此情景，杰丝感到害怕，她想："为什么我总是做错事呢？我已经失去了所有的朋友。真是太可怕了。"她开始把自己孤立起来，不和朋友们来往，而事情也真的从那以后每况愈下。

但是我们来查看一下这个情形，看看当杰丝走过萨莉和那些女孩子时，她该如何应用内在-外在视角的技巧。内在-外在视角主要会问下面表格中的四个问题：

	杰丝	萨莉
杰丝的内在视角	我有什么想法和感受？ 我感到害怕并有些生气。我觉得每个人都在谈论我。我也认为我会失去所有的朋友。	如果我是萨莉，我有什么感受？ 我永远都不会知道，但如果我是萨莉，我会生气，也可能会嫉妒。我也可能会极度缺乏安全感。
杰丝的外在视角	我表面看起来是什么样？ 我装作一切正常，只是碰巧从她们身边走过。	萨莉表面看起来是什么样？ 她显得很酷，好像什么也不在乎。

这就是内在-外在视角。留心杰丝的外在表现和内在感受对比起来有多大的不同。再留心杰丝看见的只是萨莉的外表，她看到的只是萨莉"在装酷"。但当

杰丝使用正念技巧,并站在萨莉的角度思考问题时,她就会认为萨莉的感受可能和她外面的表现是不同的。

当你内心受伤时,你会装得泰然自若吗?你知道有谁这么做吗?如果你曾向别人隐瞒过你的感受(我们打赌你有过,因为这太常见了),你就可以确定别人有时也会隐瞒他们的感受。

练习:发展内在-外在视角

想象其他人内心可能有的感受是个微妙的技巧。为了帮助你更加得心应手,我们通过两个步骤进行练习:

1. **放下对自己和别人的判断**。静观你的意念,注意它是在讲关于你的故事,还是在讲别人如何伤害你或是你如何被误解的故事。还可以找一些别人的故事,或许是找那些别人如何故意对你刻薄或试图伤害你的事。静观所有故事都是怎样讲出来的。倾听这些故事会对你有所帮助吗?比如,杰丝相信每个人都恨自己的故事会对她有帮助吗?如果故事对你没有帮助,你只管感谢你的意念讲述了它,然后无论如何,去做对你重要的事,哪怕故事说你做不到或不该做。

2. **想象你处在相似的情境中**。猜想其他人感受的最好方式就是回忆你在相似情境下的感受。一旦那个情境在你脑海中浮现,那就回忆一下发生的全部情形:谁在哪儿,每个人说了什么做了什么,你看到和听到的每件事。用你相似情境下的体验、你感到的任何痛苦或面临的挑战来帮你想象别人可能会有的感受。

为了能练习这两个步骤,我们请你想象当你感到孤独、恐惧和不安时的情境:

- ◎ **内在**:想想你曾经孤独的时候。想象实际进入当时的情境,再感受一次当时的感受。感觉如何?你身体的什么地方感到了孤独?腹部?头部?

抑或全身？现在，想想你遇到的某个可能也感到孤独的人。你能想象这个人的感受是如何与你相似的吗？

◎ **内在：**想想你曾害怕某人的时候。想象实际进入当时的情境，再感受一次当时的感受。你哪儿感到了害怕？你的胸部？腹部？你当时在想什么？现在，想想你认识的某个害怕别人的人。也许他正在学校被人欺负。那个人的内心可能会有怎样的感受？

◎ **内在：**想想你曾感到不安的时候，可能是你对自己的相貌或者做事能力感到不安。想象实际进入当时的情境，再感受一次当时的感受。你哪儿感到了不安？你的头部？腹部？现在，再想象某个你认识的可能感到不安的人。你能想象这个人的感受是如何与你相似的吗？

◎ **外在：**留心当你想起这三种感受时，你外在的样子可能根本就没有什么变化。你可能感到孤独、害怕或不安，但外表看起来仍然是一副游刃有余的样子。

随时运用内在视角倾听你的意念讲述其他人的故事是个好方法，比如，她百分之一百待人刻薄。不要把故事视为完全真实，而是保持开放和好奇心。然后运用你的静观技巧，理解其他人可能会有的感受。这会将你置于一个有利的位置，让你采取有效的行动来改进关系。

运用内在 - 外在视角

我们要对使用内在视角提出一个警告：它并不总是很准确。当你尝试设身处地思想另一个人内心的感受时，除非你去问他，不然你就不可能百分之百地确定——即使你去问他，那个人也可能不会告诉你或者不会告诉你真相。即便有这样的局限，内在视角仍然大有用处。假如你从未使用过内在视角，你绝不会考虑其他人的所思所感。

　　内在－外在视角只是个工具，你应该运用它，而非为它所用。举个例子，假如你常常担心别人怎么看你："他恨我吗？我做错什么事了吗？为什么她不和我说话呢？"这个时候，你的内在视角就可能在使用你。还记得第七章我们如何谈到意念是个发现问题和解决问题的机器吗？也请回想你的意念并没有所有的答案。如果它纠缠于担心其他人的看法，那便是"绝不要在意你的意念"和运用你的其他无畏勇士技巧的好时机。正如我们说过的，人和人的关系是复杂的，而建立强大关系的最好方式就是运用各种各样的工具。

练习：把内在－外在视角和无畏勇士技巧放在一起

　　许多时候，把内在－外在视角和无畏勇士技巧放在一起使用是最好的选择。当你的友谊遇到困难时，这会超级有用。因为内在视角是一种静观的方式，下面是你将它和无畏勇士技巧合二为一的方法：

1. **深呼吸并放松**。这会有助于你平静当下的自己。
2. **静观**。运用内在－外在视角：
   a. 你内心感觉到了什么？你的外表看起来是什么样子？比如，你看起来很酷、生气、不安，或者别的什么？
   b. 你觉得其他人内心的感受是什么？问你自己，如果我是那个人，我的感受会是怎样的？同时也留心其他人外在的样子。
3. **倾听你的价值观**。像这样对你自己说很有帮助：在这种情境下，我想＿＿＿＿＿＿＿＿＿＿（理解别人、有宽容心、坚定而自信等等）。
4. **决定怎样行动，然后付诸实施**。为该情境至少想出四个可能的回应，然后选择最好的一个。

因为要回忆并在真实生活中使用所有这些步骤很是困难，尤其是在艰难的情形之下，而这些练习给了你一个在想象的情境下练习的机会。想想你在学校或者家里和人打过或者吵过的最后一场架。逼真地想象一下当时的情景。现在我们来进行这四个无畏步骤。

1．深呼吸并放松。

想象那场架并吸入你曾有过的所有感受。允许这些感受在你内心留存。你的内心有许多空间可以容纳所有这些不愉快的感受。

2．静观。

通过回答下列关于那场架的问题来运用内在－外在视角。

	你	对方
内在视角	我的想法和感受怎么样？	如果我是对方，我的感受会怎么样？
外在视角	我表面上是什么样？	对方表面上是什么样？

3．倾听你的价值观。

你的价值观会给你力量承受痛苦，并会给你指出应如何回应的方式。想一想在你想象的情形下你真正想要的是什么。也许你想挽回你们之间的关系，也许你只想捍卫你自己，也许你二者都想要。比如，你可能说:"我选择改善关系，我也更要自信。"在这种情形下，你会怎么做呢？你是想自信、诚实、友善、勇于接受、善于鼓励，还是其他呢？

4．决定怎样来行动，然后付诸实施。

知道你的价值观是一回事，据其行动则是另外一回事。当你不开心时，行动是相当困难的。请一定记住：即使在痛苦的情形下，你也可以选择行动。你不能选择其他人的行为，但你可以选择用能够反映你价值观的方式予以回应。

思考你想象中的情形，并至少想出的四个不同的回应方式：

1．_____

2．_____

3．_____

4．_____

5．_____

6．_____

在你决定了可能的行动后，你就可以选择其中一个去做了。不论你选择何种回应，都要确保它与你的价值观是一致的——它应使你的生活更容易，至少不能更糟。不要选择逃避生活或报复别人的策略（除非你喜欢躲避或者伤害别人）。

第三部分　活出你的方式

总　结

　　我们人类似乎很难和睦共处。所以，假如有时你发现自己和别人很难融洽相处，恭喜你！你是个正常人。

　　好消息是，你可以运用正念勇士技巧帮助改善你们的关系。使用内在－外在视角会给你一个机会更好地理解他人可能有的感受。当你把内在－外在视角和无畏勇士技巧合二为一时，你就能够从容应对更加复杂的情境。所以当事情不顺利时，花时间深呼吸并放松，然后运用内在－外在视角去静观。倾听你的价值观，让它们引导你做出决定并付诸行动，以使你坚定选择对你自己重要的事。记住，面对困难的情形，要创造出更多可能的回应，这一点至关重要。你创造得越多，就越容易选择一个能反映你价值观的行动。

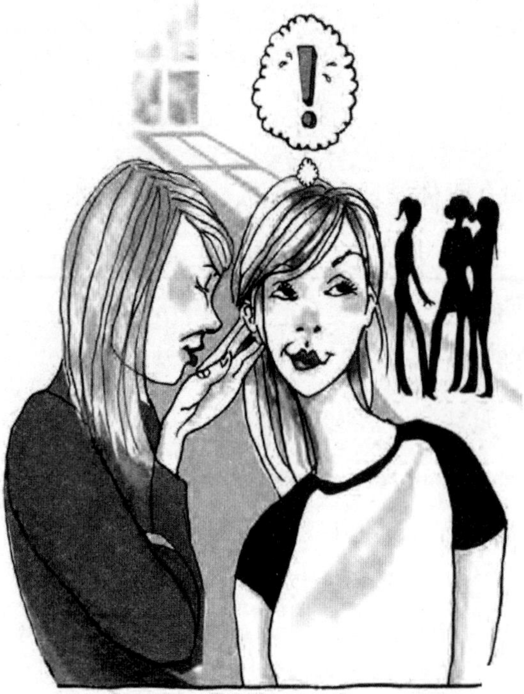

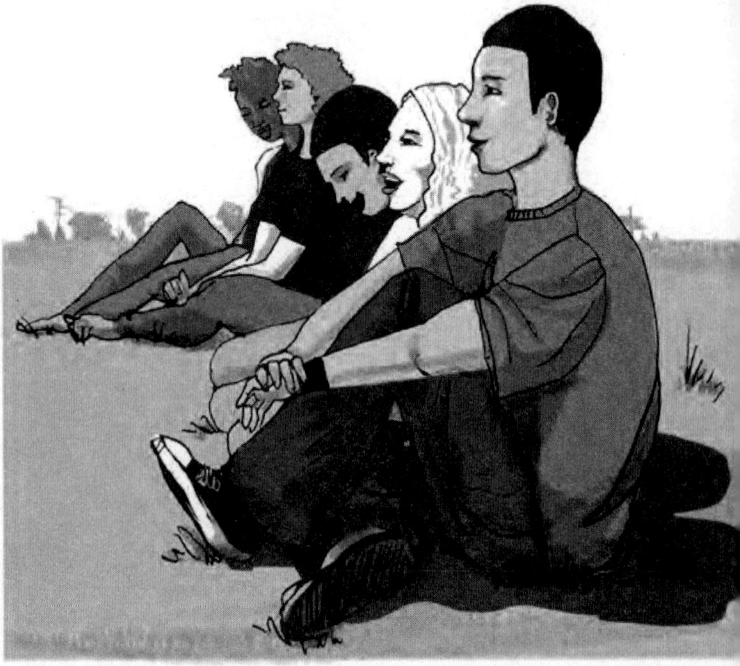

第十三章

寻找你在世界上的道路

无畏勇士技巧	
深呼吸并放松	
静观	
倾听你的价值观	√
决定并采取行动	√

摔倒七次，第八次站起来。

——日本谚语

第十一章主要讨论的是你自己的价值观，第十二章则主要讨论的是你对于友谊的价值观。在这一章，我们会帮你发现你与身处其中的大千世界互动时的价值观。你可能听到过这样的话："为了你想看到的世界而改变。"这在一定程度上就是这一章要讲的内容。我们将会帮你澄清你关于整个世界的价值观，还将会帮助你画出一个实现梦想的蓝图。取得这种成功，完全在于你对自己价值观的信守、不懈的努力和对自己的信任。

练习：澄清你在大千世界中的价值观

请看下表，表中展示了人生在教育、工作或能动性方面人们常常认为重要的一些价值观。这听起来好像是很大的问题，但正如前面章节中提到的，这是个发现的过程。所有你要做的就是愿意随同正念勇士技巧一起去思考、梦想和计划。

使用从 0 到 10 的数值范围（0 是根本不重要，10 是最重要）来评估现在对你来说每一个价值观有多么重要。我们也留出了些空白区域，你可以在其中填入其他任何对你而言特别重要的价值观。

```
0   1   2   3   4   5   6   7   8   9   10
不重要              比较重要              最重要
```

重要	价值观	重要	价值观
	建造新事物		帮助他人
	与人合作		坚持不懈
	增进公平		实现目标
	改善世界		领导别人
	小心谨慎		遵守诺言
	设计新事物		有组织力

给所有这些潜在价值观评分后，花些时间想想你打分最高的三项。如果你基于这些价值观做出决定并付诸行动的话，你会做什么呢？比如，要实现前三个

价值观中的一个，你可能会写下类似这样的话："实现运动目标对我来说很重要。我想经常练习网球，提高水平并享受这项运动。"和往常一样，记住，价值观关乎的是对你真正重要的事，而不是你认为"对的"或者别人要你重视的事。

在下面的空白处，描述一下按你人生中的前三个价值观行动的话会是什么样子：

1. _____

2. _____

3. _____

练习：对你而言的成功

如果你和大部分人一样的话，你就会感到许多想要成功带来的压力。人们或者社会可能告诉过你胜利就是一切。还有，成功似乎常常是靠好的结果来衡量的。比如说，人们也许问过你："你取得好成绩了吗？""你被选进团队了吗？""你在学校的演出里得到角色了吗？""你赢了吗？"

但胜利和成功是一回事吗？为了明白这个问题，看看下面的场景，然后圈出你认为正确的答案。

走出 心灵 的误区

场景一

你的目标是在科学课上得到最好的成绩。你学习努力，甚至为了额外加分还做了一些特殊课题。你得到了一个非常好的成绩，但不是最好成绩。你失败了吗？

是　　　否

为什么你那么回答？

_____

_____

_____

场景二

你很看重合作。在一个课题小组中，你尽了最大的努力和同学们合作，但最终小组因其他人不尽职尽责而解散。你失败了吗？

是　　　否

为什么你那么回答？

_____

_____

_____

_____

场景三

你很重视促进公平。你看到有个男孩子被人欺负,想帮他。当你问他怎么回事儿时,他却什么也不肯说。他就这样一直被欺负。你失败了吗?

是　　否

为什么你那么回答?

_____
_____
_____
_____
_____

场景四

你想进田径队。你阅读了所有的训练资料,并向教练请教,而且也真的尽全力进行了锻炼。但当你去测试时,却没能入选。你失败了吗?

是　　否

为什么你那么回答?

_____
_____
_____

你可能会惊讶，但我们认为在前面所有的四个场景中，你都成功了。为什么？因为有两类不同的成功——外在和内在——内在成功是指按你的价值观去生存，这才是真正重要的事。而外在成功，是通过对你外在做得多好来衡量的，它明显也很重要，并且我们也不能说它有什么不对的地方。

但注重外在成功的一大问题在于你根本不能控制一切。你不能控制其他人的分数，你甚至都不能完全控制你自己的分数。你控制不了别人是否会在小组课题上努力，或者每个人合作得怎么样。你控制不了别人是否会接受你的帮助。不管你训练过多少，你都不能控制别人是否更强或更加胜任。所以，你若过分注重外在成功，便会有许多事不在你的掌控之中，因而当事情未按你的想法达成时，你会落入相当痛苦的境地。

而你对内在成功则会有更多的控制。即使在科学课上你没有得到名列前茅的成绩，你也会有努力学习后的回报感，因为你看重学习。即使别人在小组课题上并没有付出，你也会因为自己促进了合作而满意。你会因为试图帮助受欺负的人而自我感觉良好。哪怕你并没进入田径队，你也能让身体变得很健康。在所有这些案例中，你也会因为知道自己一直践行自己看重的价值观——而获得满足感。你为你看重的事付出了真诚的努力。诚然，世界并没有给你你想要的一切，但你仍然获得了成功，因为你选择了以你自己认为正确的方式付出行动。

成功的两个原则

想想你听到过的那些最成功的人士——那些真正践行梦想的人。他们可能是音乐家、运动员、艺术家或是领导者。他们有什么共性呢？是什么使他们成功的呢？他们成功是因为才华或是因为努力？

如果你说是因为"才华",你并不是个例。许多人认为成功通常是源自与生俱来的才华。准备好惊讶了吗?如果你认为成功源自才华,你其实更不容易成功——对,更不容易成功。这是因为相信才华起决定作用的人通常不如相信努力起决定作用的人那么努力。

事实上,才华可能会被过高评价。顶尖高手看似有才华是因为他们看起来做事很容易。想想奥林匹克花样滑冰运动员。她飞身跃起,旋转三周后,在薄薄的金属刀片上优雅落地。她似乎不费吹灰之力。你观看时可能会认为:我根本不可能做到。然而,你没看到的是她无数时间的刻苦练习和成千上万次的摔倒。这启示了我们成功的第一个原则:成功不在于才华,而在于不断练习。

原则一:顶尖高手练习最多

顶尖高手要比其他人练习得多得多。比如,伟大的小提琴家要比仅仅是"不错"或者"一般的"小提琴家多练习成千上万个小时。这种成就没有任何捷径可言。不论你是想在音乐、科学、绘画、写作或是象棋方面成功,你都必须付出努力并将自己投入练习。

但是仅仅练习就够了吗?事实上,单单练习并不会使你卓越。你必须以特定的方式练习。你必须突破自己的极限,并愿意体验困难有时甚至是熬炼。

这启示了我们下一点:有时你要愿意在自己的舒适区之外活动。

原则二:顶尖高手在他们的舒适区之外练习

成功人士强迫自己做一些一开始真正难做的事——甚至可能是极难之事。比如，世界级的花样滑冰选手一定会尝试她一开始难以企及的跳跃。她可能需要摔倒上百次才能勉强成功一次。作家可能要四处投稿——并不断被拒绝——他的作品最终才得以出版。艺术家每次登台都要冒着难堪的危险，而只有通过饰演不同角色才能演技精进。烹饪大师需要不断调制新的食谱，而其中一些可能让人难以下咽。

事实上，这一原则适用于所有人，包括青少年。你必须在自己的舒适区之外付出时间、学习新东西、拓展技巧并实践你的梦想。想象有个青少年一开始身体羸弱进不了赛艇队，但在付出双倍训练之后最终在队中有了一席之地。又比如有个学生觉得英语课非常难，但他不满意自己的糟糕成绩，因而坚持坐在教室前排一遍遍写作业并积极向老师请教。或者想象一个青少年，他超级害羞和尴尬，但他依然坚持参加社会活动，宁愿放弃待在家里的舒服。这些青少年中的每一个人都比那些放弃的人更有可能成功。

那么你呢？你在更广阔的世界中有什么样的梦想呢？你要怎样通过更多的练习、走到自己的舒适区之外来寻求改变？

练习：走出你的舒适区

这个练习会帮你通过在舒适区之外练习来实现你成功的计划。回头看一下在本章之初你认为最重要的三个价值观。或者如果你愿意，请选一个价值观。想想如果你在践行那个价值观时会是什么样子。选出你想改进的事物，并在下面空白处写下相关内容。比如："我看重获得成就，并想成为我能成为的最好的钢琴手。"或者："我看重帮助他人，并想为无家可归者做些事情。"

在这里写下你的价值观：

现在想想，怎样通过设定一个帮你践行自己价值观的目标来把自己带出舒适区。举个例子，即使可能要花几个月才能娴熟弹奏，你也会愿意接受一支很有挑战性的乐曲。或者即使你认为和无家可归者接触有困难，你也愿意在救济站做志愿者。

在下面的空白处，描述一下你可能怎样通过设定一个帮你践行你价值观的目标来把自己带出舒适区：

即使没有激情，如何仍能继续前行

实现伟大的梦想常常需要很长的时间，付出很多的努力。怎样才能保持灵感和激情呢？简短的答案就是：你不能。正如我们在第五章和第六章中讨论的，控制情绪，即使可以，也会相当困难。正如通常你不能摆脱痛苦情绪一样，你也不一定能随心所欲地创造积极的情绪。有时你就是不能使自己情绪高涨。

好消息是，你不必感受到激情才能表现出激情。这里山姆的例子会说明我们的意思。

● 山姆：感到很傻却仍然践行价值观

我真不敢相信自己有多傻。要是被人看见的话，我不被街坊邻居笑个底朝天才叫怪。我居然在当地艺术品市场卖一个很傻的玩意儿：厕纸罩。老天爷啊！还能比这更糟吗？

事情是这样的。我奶奶喜欢编这些乌七八糟的丑东西：放在卫生间不用的厕纸卷筒上的玩具娃娃。这真是弱爆了！但是奶奶会把它们在市场上卖掉，然后把钱捐给某些地方的穷孩子们——我想可能是非洲吧。我倒觉得她直接把玩具娃娃送给他们就好了，那样我就眼不见心不烦了。

奶奶在市场上有张桌子，不管怎样，她问我愿不愿意帮她的忙。她说自己上了年纪，有点儿累，需要有人帮她，好让她每天能休息几次。我真的真的好想拒绝她，因为我觉得自己站在这些厕纸罩面前完全就是一个失败者。我想找个为什么我不能做的借口，但我又想到自己最在乎什么，和奶奶的

关系对我意味着什么。奶奶一直是我最喜欢的老人家之一。我小时候，奶奶曾专门给我做饼干。她总是做我最喜欢的那种：巧克力碎饼干。我们以前一起看电视上的旅行节目。有时我们会想出让世界不再有饥饿的计划来。我小时候就爱和她待在一起。

就这样，我现在在这儿卖着只有失败者才会买的玩意。我不知道要是有我认识的人看见我该怎么办。要是那个辣妹子桑迪看见我的话，我恨不得找个地洞钻进去。但我还在这儿，依然我行我素，因为我爱奶奶，我也觉得能为那些穷孩子做些事会很酷。将来有一天，我也要有所作为，帮助别人。但现在，我要帮助奶奶完成她正在做的事，即使这让我很尴尬我也不退缩。

练习：想出厕纸罩的销售策略

镇上所有人都可能看见你在当地艺术品市场销售厕纸罩，你会有热情吗？大多数青少年——可能大多数成年人——都会说不。卖的这个东西太古怪了，根本也不酷。毕竟，谁又会在卫生间里为不用的厕纸卷筒加个罩子呢？

为了这个练习的目的起见，我们假设你对卖这些玩具娃娃毫无热情。问题是，哪怕你真的没有一点积极性，你仍然会站在桌子后面吆喝吗？甚至你还能想出有创意的办法来促销吗？花一分钟时间，跳出你的舒适区，想出一些销售它们的策略来。

在下面的空白处写下你的想法。至少要写出几个想法，无论它们显得多怪异或多疯狂。

_____

_____

走出 心灵 的误区

想出些点子了吗？要是想出来了，那就太好了！如果没有，那就再试试，一定要尽你最大的努力。想象你就指望它过日子。确保写下些点子，然后再往下读。

那么，这样的练习——帮山姆或帮你在销售奇怪而令人尴尬的物品上取得成功，这种经历有什么意义吗？其他意义几乎没有。它的意义只在于：即使你对促销厕纸罩没有多少积极性，你仍然可以决定采取行动来支持这一目标。请想想：即使你不在乎厕纸罩，但你可以像山姆那样行动起来，就像你很在乎一样。

如果你不在乎的某些事你都能干起来，那么所有你真正在乎的事——那些你在世上想做的事，你又会怎样呢？你有时会没有积极性吗？这完全正常。每个人都难免会有这样的感受。作家们常常不想再写下去，然而那些成功的作家每天都坚持写作，哪怕他们没有灵感。顶尖的运动员在他们不喜欢训练的时候依然坚持。好学生即使感到枯燥乏味仍孜孜不倦。总之，记住下面这两点会大有裨益：

◎ 痛苦的感受和想法不会阻止你做你在乎的事。

◎ 缺少感觉（比如缺少热情或灵感）也不会阻止你。

成功实现梦想的步骤

在你按照它们行动之前,价值观不会有任何意义。践行自己的价值观有时确实很艰难。也许你会像山姆一样感到尴尬。也许你害怕尝试全新或者困难的事物。也许有时你会缺少热情或灵感。但正如你所知道的,没有任何一件事情会阻碍你的道路。你到底能做些什么来增加自己实现梦想的机会呢?这里有些建议,我们以山姆的处境为例子来说明。

1. **设定具体的目标**。明确自己到底计划要做什么,以及何时去做。比如,山姆决定在某一天帮奶奶卖她的厕纸罩。

2. **当你感到自己隐隐的抗拒时,提醒自己为什么采取这些行动**。提醒自己一个确定的行动或目标会怎样促进你的价值观。比如,山姆就是受到这三样东西的激励:他对奶奶的爱,帮助奶奶的心愿,和将来有一天能像奶奶那样帮助他人的愿望。

3. **想想实现目标的好处**。你的行动会怎样促进你的价值观?它们会怎样使你和其他人受益?比如,山姆描述了一些帮助奶奶的温暖感受和帮助有需要的孩子而产生的满足感。最终,对山姆来说,这些事情要比感到尴尬更为重要。

4. **要诚实!** 为困难做好计划。设定目标、实现目标都会带来许多挑战。诚实面对自己,并预见到实现目标会遭遇各种障碍非常重要。一个做出计划应对障碍的快捷方式,是使用"如果——那么"的表述:"如果＿＿＿＿＿＿(描述困难),那么我＿＿＿＿＿＿(描述你会如何战胜困难)。"比如,山姆认识到他觉得很傻很尴尬,他可能不会去卖厕纸罩,于是他就想出了这样的"如果——那么"表述:"如果我要结束犯傻的感觉,那么我就要提醒自己为什么这个目标很重要,并尽自己最大努力销售这些东西。"

总 结

  顶尖高手往往使事情看起来更容易，但这是因为他们投入了自己所有的时间和努力来提高自己的技巧——因为他们愿意在自己的舒适区之外活动。在此过程中，他们同样会经历许多失败。但最终他们取得了成功，因为他们坚持自己在乎的事。

  要成就你的梦想，你就必须接受前进途中不可避免的失败。要准备好！失败会带来很多情绪上的痛苦。请用第五章和第六章的方法帮你愿意接受坚持做自己在乎之事时会遇到的痛苦感受。

  失败也会使你自我怀疑。请用第七到第九章的内容来静观你的意念何时批评自己，然后练习静观这些想法，并看它们如坏天气一般时隐时现。你不必和它斗争。

  有时你不会被自己的价值观所引领。有时你不会实现你的目标。有时你不会付出你本来可以付出的艰苦努力。有时甚至你根本都不会尝试。关键的问题不在于你是否会偏离自己价值观的轨道。当然你会偏离。大家都是这样。

  关键的问题在于你是否会回归正途。当你失败时，你会回到自己价值观的航向上吗？如果你的答案是"是"，你会在不知不觉中发现你正行进在自己价值观的方向上——而这会使你的人生成为一个奇妙的旅程。

结语

心中的火花

青年时期，短暂如昙花一现，但这一现的火花，将会在你的心底永存。

——赖莎·戈尔巴乔娃

在本书的开始我们就说过，我们只为你写作本书，而不是为任何请你阅读此书的人而写作。现在我们很荣幸地邀请你，请你亲自书写本书的结尾。这一尾声是你对阅读本书过程的个性化描述：你学到了什么，书中的概念对你的人生意味着什么，以及在今后的人生旅程中你会随身携带哪些信息。

"人生旅程"，听起来也许太大了，大得有点吓人，但事实上它是你一直在做的事情。清早醒来，穿衣吃饭，度过每一天，你都在继续着这一旅程。然而，你进行的旅程却不同于你在这儿要描述的旅程。现在，你更懂得这一旅程是关于你和你的价值观的，你也完全明白，你选择做什么、怎么做最终都是由你自己决定。

通过本书，你已经学到了，每个人都会有困难的想法和感受，但这些想法和感受却如同天气一般变化无常。你也已经明白，尽管人类的意念奇妙无穷，创造力惊人，它也可能变成个捣蛋鬼。对于意念有一件事情我们无法做到，那就是我们不能让它停下来，或让它按我们所想的来思考问题。我们不可避免地会体验到意念的许多角色：问题发现者，故事讲述者，以及评估者。

你也已经学到，人的感受力量强大又很自然。你有时（一直都会）期望自己免于伤感和不安感。然而这些感受是与那些对你重要的事情紧密相连的。伤感常常意味着你失去了某个所爱。不安往往表明你真的想在某事上成功或优秀。只要你有爱和梦想，你有时就会感到伤感和不安。

关键在于，即便你听到意念在说你不能时，你依然有勇气为你的感受和智慧留出空间，以追寻你在乎的事物。你已经学会了用正念无畏勇士技巧来为你的感受留出空间，并学会了"绝不在意你的意念"。即使你在怀疑自己时，它也将帮你付诸行动。现在你只需练习这些技巧。为了将你送到你自己独特的旅程上，这儿有最后一个练习。它会用反映你和你的价值观的方式将整本书中的各个部分连成一体。

练习：连接拼图插片

下面几页中有一张包含很多片拼图的图片，其中许多片代表本书的主要观点。花些时间，以这张图片为基础，表述一下你从本书中学到的东西。你可以用你喜欢的任何方式：画、写或别的方式都行。只要有创意。当你描绘你的故事时，要注意所有的不同部分是如何相互关联的。这正是明智视角！

杰丝和山姆已然开始学会用此图描绘他们的旅途和他们所学的了。看看他们的样本，看看对他们来说拼图如何连在一起。

建立友谊　　　做个正念勇士

意念机器

静观　　呼吸　　明智视角　　寻找你在世界上的道路

采取获胜的招数

学习　明白你在学什么

心中的火花

每个人都有秘密？

找到内心的平静
一个又酷又冷静的女孩儿
冷漠

我的故事

绝不在意你的意念

勇气

静观内心的战斗

旅程　　害怕恐惧　　外在　　学会评价自己

建立友谊
做个正念勇士
要BOLD
（无畏）
对别人友善
明智视角
做我
在乎
的事太酷了
话语
想法有
时就像
陷阱
无畏
在乎
我愿意
心中的火花
明白你在乎什么
每个人都有秘密？
找到内心的
平静
惩罚者
在工作
绝不在意你
的意念
感觉还
不错
内心的战斗
我不能让
这些感受
停下来
旅程
学会评价自己

建立友谊　　　做个正念勇士
意念机器
明智视角　　　寻找你在世界上的道路
采取获胜的招数
心中的火花
　　　　　　　明白你在乎什么
每个人都有秘密？
找到内心的平静
绝不在意你的意念
静观内心的战斗
　　　　　　　学会评价自己
旅程

更多资源

本书与一家为青少年、父母和教育者提供资源的网站相连。更多资源请访问www.actforadolescents.com. 如果你是一位青少年，请访问mindfulwarriors.com.

专业训练和讲习班

路易丝·海耶斯和约瑟夫·西阿若奇为全球从事青少年工作的专业人士提供训练讲习班。关于约瑟夫和安·贝利的更多信息请访问acceptandchange.com，关于更多路易丝·海耶斯的信息请访问www.louisehayes.com.au.

接受与承诺疗法（ACT）教材和自助书籍

新先驱出版公司（New Harbinger）提供基于接受与承诺疗法（ACT，此法本书有应用）的各种范围广阔的书籍。更多相关信息请访问newharbinger.com.

情境行为科学社

情境行为科学社提供关于接受与承诺疗法的更多内容。该社团是个世界性的在线学习与研究组织，致力于发展认知与行为科学的实践工作，以减轻人类痛苦和增进幸福。更多信息请访问 contextualpsychology.org. 点击此网址 ACT 链接，你可同时获得为公众提供的接受与承诺疗法信息。那里你可以得到常规信息，以及治疗师、教练和其他资源列表，包括阅读材料、E-mail 讨论组和播客。

参考资料

Hayes,S.C.,K.D.Strosahl,and K.G.Wilson.1999.Acceptance and Commitment Therapy: An Experiential Approach to Behavior Change. New York:Guilford Press.

Neff, K., and P.McGehee.2010. "Self-Compassion and Psychological Resilience among Adolescents and Young Adults." Self and Identity 9（3）: 225-40.

Syed,M.2010.Bounce:Mozart,Federer,Picasso,Beckham,and the Science of Success. New York:HarperCollins.

Wilson,K.G.,with T.DuFrene.（2009）.Mindfulness for Two: An Acceptance and Commitment Therapy Approach to Mindfulness in Psychotherapy. Oakland,CA:New Harbinger Publications.

图书在版编目（CIP）数据

走出心灵的误区 /（澳）约瑟夫·V．西阿若奇（Joseph V. Ciarrochi），（澳）路易丝·海耶斯（Louise Hayes），（澳）安·贝利（Ann Bailey）著；杜素俊，谷裕，陈梦雪译 . — 上海：上海社会科学院出版社，2017

书名原文：Get Out of Your Mind and Into Your Life for Teens
ISBN 978-7-5520-0861-6

Ⅰ．①走… Ⅱ．①约… ②路… ③安… ④杜… ⑤谷… ⑥陈… Ⅲ．①心理学－青少年读物 Ⅳ．① B84-49

中国版本图书馆 CIP 数据核字（2017）第 047639 号

GET OUT OF YOUR MIND AND INTO YOUR LIFE FOR TEENS: A GUIDE TO LIVING AN EXTRAORDINARY LIFE By JOSEPH V. CIARROCHI, PHD, LOUISE HAYES, PHD, AND ANN BAILEY, MA, FOREWORD BY STEVEN C. HAYES, PHD
Copyright: ©2012 BY JOSEPH V. CIARROCHI, LOUISE HAYES, AND ANN BAILEY
This edition arranged with NEW HARBINGER PUBLICATIONS
through BIG APPLE AGENCY, INC., LABUAN, MALAYSIA.
Simplified Chinese edition copyright:
2017 Beijing Green Beans Book Co, Ltd
All rights reserved.

上海市版权局著作权合同登记号：图字号 09-2017-120

走出心灵的误区

著　者：	［澳］约瑟夫·V. 西阿若奇　路易丝·海耶斯　安·贝利
译　者：	杜素俊　谷裕　陈梦雪
责任编辑：	赵秋蕙
特约编辑：	陈朝阳
封面设计：	主语设计
出版发行：	上海社会科学院出版社
	上海市顺昌路 622 号　邮编 200025
	电话总机 021-63315900　销售热线 021-53063735
	http://www.sassp.org.cn　E-mail: sassp@sass.org.cn
印　刷：	北京凯达印务有限公司
开　本：	787×1092 毫米　1/16 开
印　张：	10.75
字　数：	120 千字
版　次：	2017 年 5 月第 1 版　2017 年 5 月第 1 次印刷

ISBN 978-7-5520-0861-6/B · 211　　　　　　　　　　定价：36.80 元

版权所有　翻印必究